ENVIRONMENTAL DESIGN 园林景观快题设计

高 等 院 校 环 境 艺 术 设 计 专 业 规 划 教 材

⊙ 韦爽真 编著

中国建筑工业出版社

图书在版编目（CIP）数据

园林景观快题设计/韦爽真编著．—北京：中国建筑工业出版社，2008（2021.1 重印）
高等院校环境艺术设计专业规划教材
ISBN 978-7-112-10132-0

Ⅰ.园… Ⅱ.韦… Ⅲ.景观－园林设计－高等学校－教材
Ⅳ.TU986.2

中国版本图书馆CIP数据核字（2008）第104750号

本书是高等院校环境艺术设计专业规划教材，主要讲述了园林景观快题设计的应用范围、园林景观快题设计的技能要求、园林景观快题设计的训练案例、快题设计典型案例与评价。本书作者美术功底强，更有多年的教学经验，对快题设计进行了系统的分析和梳理，讲解简洁，所附实例精彩，图面效果甚佳，具有较强的实践指导作用。

本教材可供环境艺术、艺术设计、风景园林、景观学、景观设计学、景观建筑设计等专业作为教材使用，也可供上述专业学生考研和应试自学使用，还可供广大专业设计人员学习参考。

责任编辑：陈　桦　张　晶
责任设计：赵明霞
责任校对：兰曼利　刘　钰

高等院校环境艺术设计专业规划教材
园林景观快题设计
韦爽真　编著
*
中国建筑工业出版社出版、发行（北京西郊百万庄）
各地新华书店、建筑书店经销
北京嘉泰利德公司制版
天津图文方嘉印刷有限公司印刷
*
开本：889×1194毫米　1/16　印张：7　字数：212千字
2008年8月第一版　2021年1月第八次印刷
定价：46.00元
ISBN 978-7-112-10132-0
(16935)

前 言

快题徒手绘，这曾经是在建筑设计、园林设计、室内设计中深受师生喜爱的课程，我们曾经是多么信赖从速写本中提取信息，多么习惯用徒手绘来储存思考。但随着电脑和网络的普及，那曾经让我们激动不已的手绘表现却逐渐淡出我们的视线，替代的是笔记本电脑和各种图片下载的技术。

时至今天，我们重拾往日对快题徒手绘的技能，确实经历了痛定思痛的过程，教学中，我们发现：绘画技能是何等严重地缺失，表达技能是何等匮乏，分析技能和创意技能是何等依赖于各种绘图软件……而这些技能的培养与训练怎么能越过手绘的积累与铺垫呢？好比一个歌唱家不练声就直接用音像技术合成声音一样，不会用手绘表达思考的设计师是不能成大器的。并且，就我的理解，在手绘培训上，还必须经历从规范到个性、从约束到自由的过程，它本身也具有很强的内在规律与法则。在学生时代，下功夫去研究积累，打下深厚的手绘基本功，对未来的发展是大有裨益的。

如今，广大的设计师生们能认识到手绘的重要性而对其有所关注是值得庆幸的。特别是在园林景观设计领域，由于与自然风景不可割裂的关系，使手绘技能更显得重要。这本并不成熟的书正是在这样的认识上形成的，它提出了手绘能力培养的系统构架，并展示了近两年教学和创作中手绘应用的具体案例，同时也结合了相关专业人士的极具参考价值的观点和图片，如果能起到抛砖引玉的作用就倍感欣慰了。

最后，愿广大设计专业的师生在此领域共享心得，共同进步！

韦爽真
于四川美术学院桃花村

目　录

引言

快题设计教学的意义

引言　快题设计教学的意义

• 快题设计的概念

快题设计是指在一定的设计条件下，经过短时间的筹划，将设计构思完整快速地表现在图纸上的设计方式。通常包含图解分析、意象表达等具体内容。由于需要设计者以个体的形式、借助非电子工具徒手完成，所以习惯上也叫作徒手绘。

图 -1　快题设计是设计师思维活动的反应

• **快题设计教学的意义**

（1）创新思维的培养

设计过程的表现是设计能力的重要反映，因为其中起决定作用的是设计师的大脑思维，而快题设计的图面上清晰地留有设计师思维活动的轨迹，正是其能力的生动反映（图 -1)。

（2）形象思维的加强

徒手草图实际上是一种图示思维的设计方式。将设计中“偶发”的设计灵感深化为有强烈感染力的设计思维，并将设计思考和设计意象记录下来，需要设计师具有一套独特的图示语言，其中最重要的指标就是形象思维的能力（图 -2）。

图 -2　形象思维是快题设计训练的重要方面
（覃丽婷　建筑设计 06 级）

（3）组织能力的锻炼

任何一项景观设计的任务都是综合性的，要在诸多的头绪中梳理出可供描述的脉络，并且把它们艺术地表达出来，需要设计师具备优秀的组织经验和构图技巧，而这恰是快题设计课程当中要重点解决的问题（图 -3）。

要真正学好设计徒手绘，一是要掌握基本的绘图要领和技能技巧；二是要积累生活经验，多观察体会；三是多阅读相关的艺术作品，开拓设计视野，不断提高自己的审美情趣和设计综合素质。

图解的过程是一种“发现”的过程，这非常符合设计创作的原理，将“脑—眼—手—图形”四位一体的过程完整地表现出来。

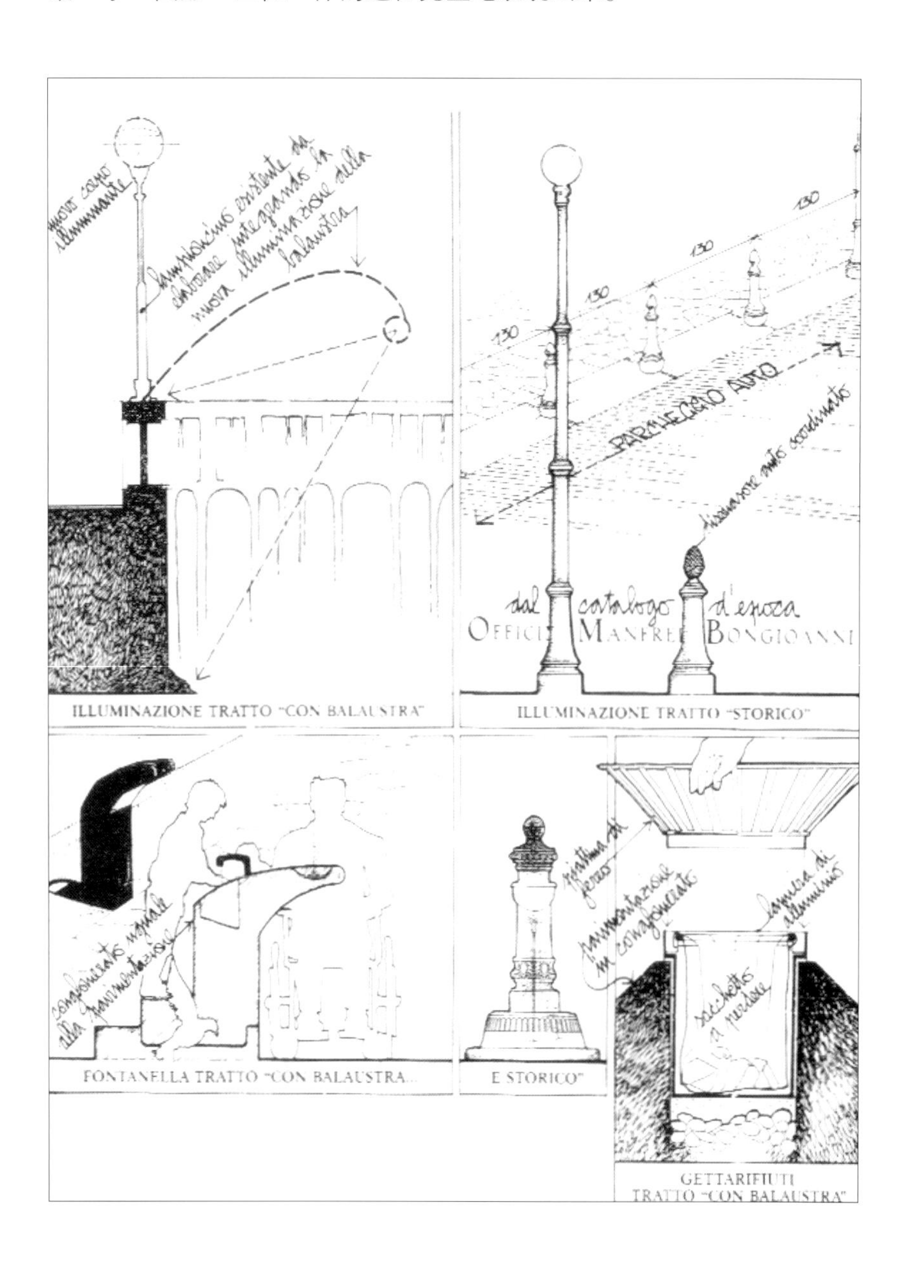

图 -3　组织能力在快题设计中的反映

第 1 章

园林景观快题设计的应用范围

第1章　园林景观快题设计的应用范围

1.1　快题设计的类型

（1）建筑快题设计

建筑快题设计是对具备一定功能内容的建筑物及其场所环境的设计，以建筑物的内部、外部功能的恰当理解和建筑形态的艺术表达为主要内容（图1-1-1）。

（2）园林景观快题设计

园林景观快题设计是将具有城市空间性质的场所功能进行分析，并将空间、植物、人群行为等一系列景观元素合理地处理和艺术地表现（图1-1-2）。

（3）室内空间快题设计

室内空间快题设计是针对确定功能的室内空间进行统筹安排，合理处理空间功能布局，寻找形式语言、设计符号以及文化理念并整合表达于图纸上（图1-1-3）。

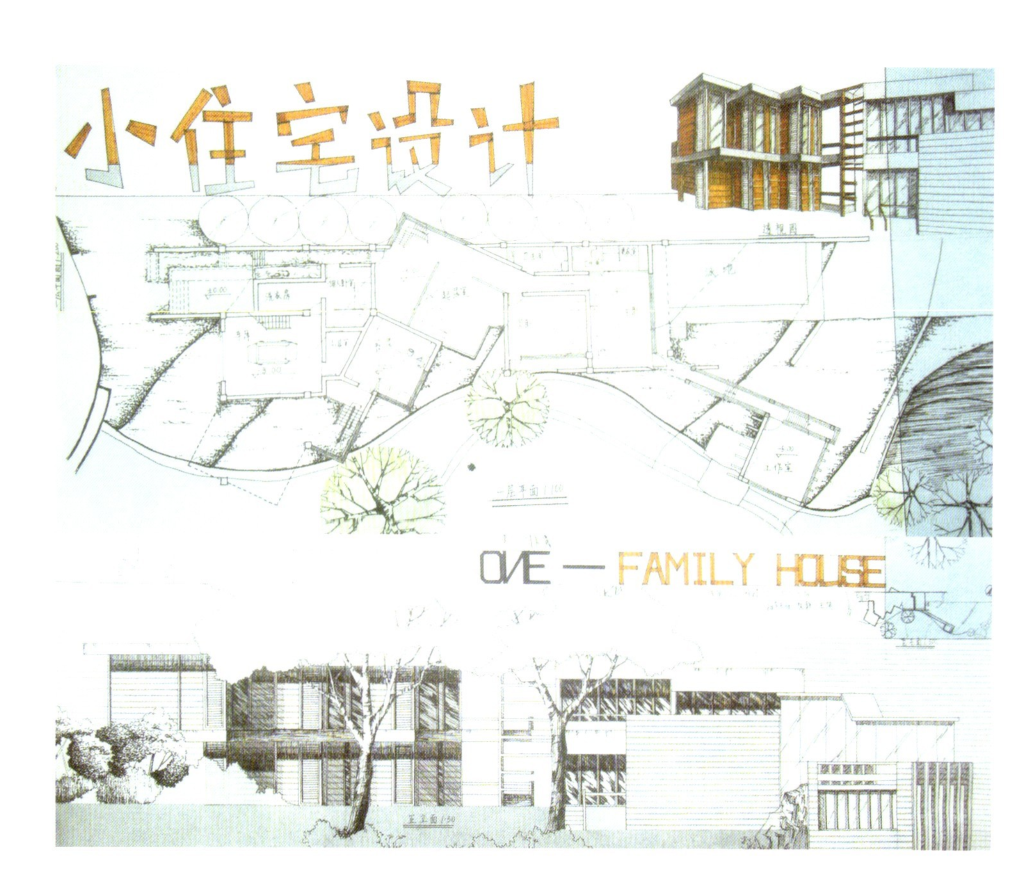

图1-1-1　建筑快题设计

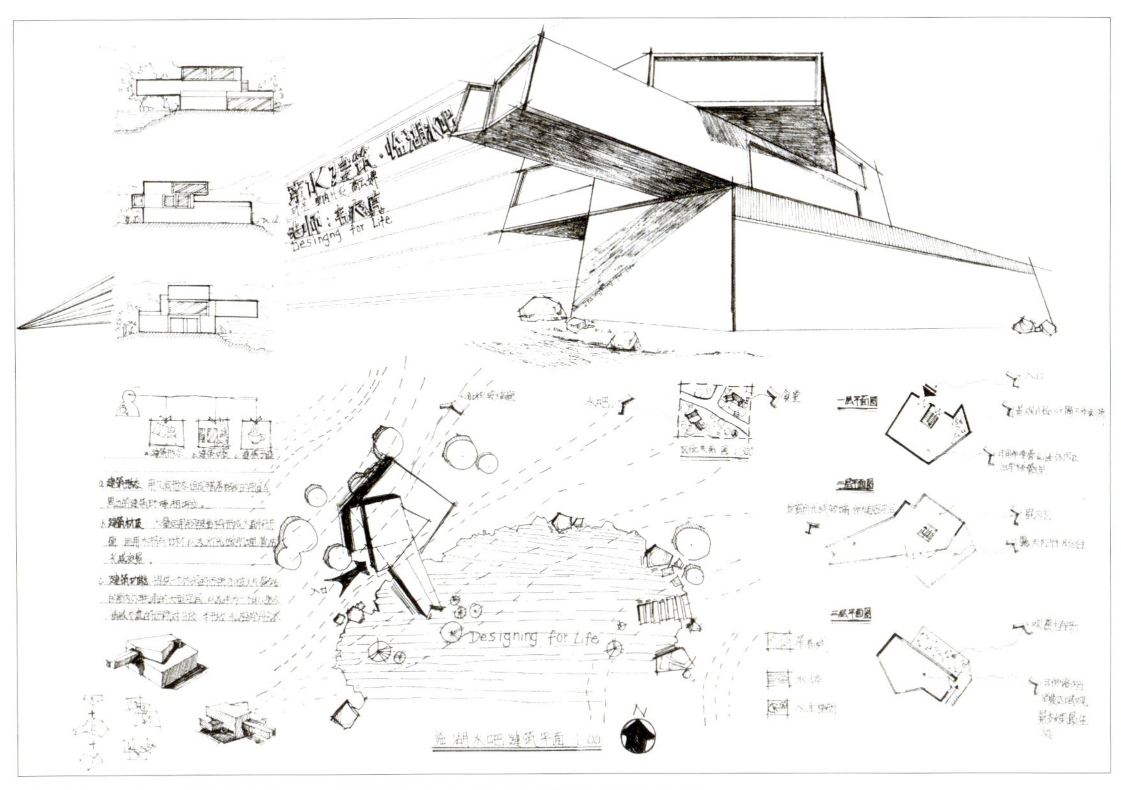

图 1-1-2　园林景观快题设计——亲水景观建筑（高云嫦 环境艺术设计 05 级）

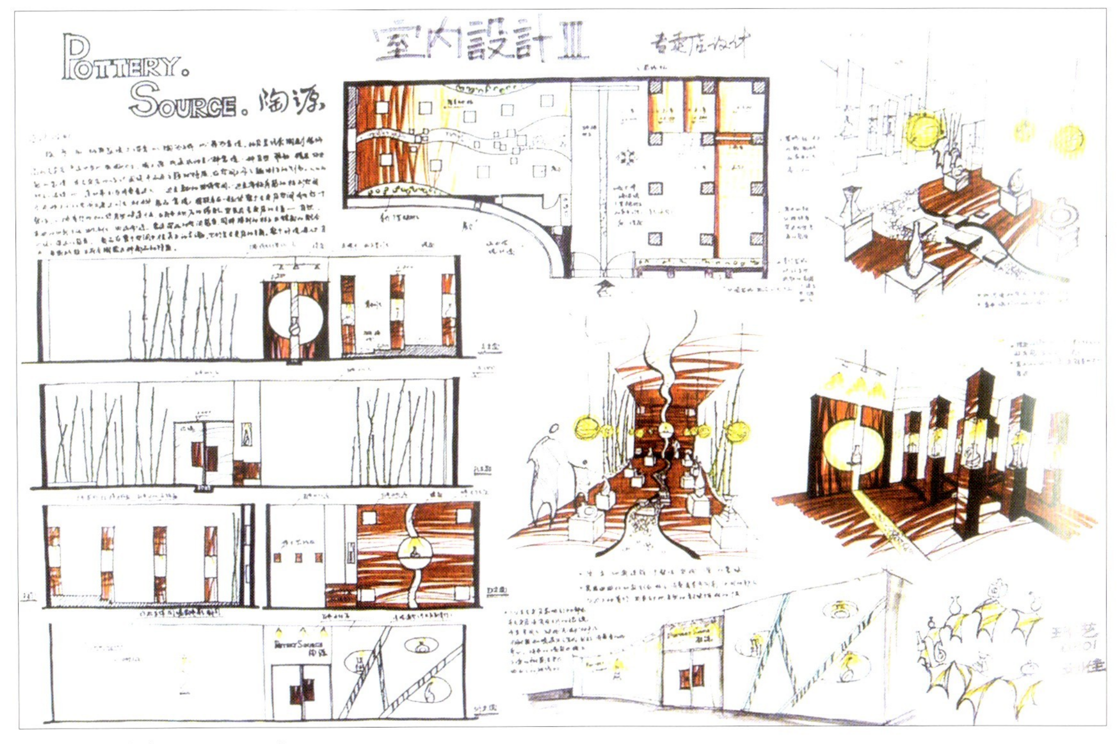

图 1-1-3　室内空间快题设计

1.2 快题设计的应用

（1）设计概念表现

园林景观快题设计在具体设计实践中的经常运用，甚至是我们的工作手段。因此，可以毫不夸张地说，快题设计是我们的看家本领。具体地说，它包括这几个方面：

• 场地分析的信息整理

在设计的前一阶段，复杂的场地信息经过设计师快速地整理出来，帮助业主理解场地的问题，找到工作的重心和目的。

• 设计系统的快速表达

针对设计的问题，设计师建构了一整套的设计系统来准确地表达设计的形式脉络、设计成因及其相互的关系，帮助业主更好地理解设计的方向。

图 1-2-1　教学中的快题设计训练
（苏海江　环境艺术设计 04 级）

• 设计形式的充分表现

经过前两个方面的充分论证和铺垫，设计形式的最终结果由设计者亲自表现出来，对于业主来说有很强的说服力。设计师本人最理解和最能把握设计的最后结果的表现形式，因而也最接近设计本身（图 1-2-1）。

（2）短期教学训练

短期的教学中常使用快题的表达加强教与学的交流频度。这种训练可以是在一长段教学的过程中进行穿插的内容；也可以只是针对快题设计技能本身的训练。

（3）专业能力测试

由于快题设计综合地反映出一个设计师全面的发现问题、分析问题、解决问题的能力，因此许多专业能力测试（图 1-2-2）的场合中，常需要被测试者运用快题设计的方法完成某些设计任务。快题设计强调绘图的完整性，要求正确地表达规范。在日常教学、考试阅卷、方案评审中，笔者发现不少图纸表达不规范、表达内容不清楚、不完整，反映出缺乏系统性的训练。

图 1-2-2　专业能力测试
（刁小峰　环境艺术设计研究生）

环境艺术设计制图的基本内容主要涉及建筑、景观环境、室内和家具等主要内容。其中建筑设计表现的主要内容有平面图、立面图、剖面图、屋顶平面图等。

- 理解设计目标，解决主要问题，协调各种关系；
- 掌握和熟悉多种设计词汇，进而形成自己独特的设计语言；
- 时间安排：1/3 进行设计构思，2/3 进行设计表现。设计与表现同时进行。

第 2 章

园林景观快题设计的技能要求

第 2 章　园林景观快题设计的技能要求

我们知道，快题设计最终是以设计图面的最后效果体现出来的。在快题设计的图面中，设计师要表现出综合的素质，而这些素质是由图面的图示化信息表达出来的。快题的图面必然要包含这些要素才能成为完整的快题设计，一张引人入胜的图面是快题设计追求的目标。

如果我们将设计师在快题设计中所体现的素质分为绘画、分析、设计、表达四部分的话，图面上也将对应地体现美感化、信息化、创意化、构成化这些要素。要想取得综合性的进展，必须从这四个方面加强训练：

绘画技能——图面的美感化；

分析技能——图面的信息化；

设计技能——图面的创意化；

表达技能——图面的专门化。

2.1　绘图技能

景观快题中的绘画技能是根据建筑绘画中的原理演变发展的。由于它吸收了工程制图的一些手法，对画面形象的准确性和真实感要求较高，并且，由于是设计师自身理念的表达，比现实的东西更集中、更典型、更概括，应当具备科学性与艺术性的统一。

2.1.1　对绘图工具的熟悉

在快题图面制作的时候，设计师要选择一个自己最擅长的绘图工具来表现，或者根据设计的内容来选择合宜的绘图工具。作为初学者，从一项绘图工具入手来整体地理解绘画的相关技能，也是不错的训练方式。所以，让我们从绘图工具开始讲起吧。

（1）铅笔

铅笔的深浅层次非常丰富，并且易于修改，在设计中如果运用纯熟，会产生多样的笔触和肌理，为擅长素描的设计师和考生所喜爱（图 2–1–1）。

图 2-1-1　炭笔速写（参见 ABBS.com）

铅笔的应用要从几个方面入手：

• 铅笔的软硬效果

常用的单色铅笔从 2H ~ 6B 的型号，画出的线条分别表现着一定的质感和强度，熟练的设计师能够主动地去驾驭它，辨别它。

(a)

(b)

图 2-1-2　软硬结合的铅笔表现（参见 ABBS.com）

• 铅笔的多样表达

由于铅笔是由石墨制成的，在绘画的过程中，根据需要常用抹、擦等手段来表现不同的质感，或者增加表达的趣味性（图 2-1-2）。

• 铅笔的方向和笔触

彩铅或者单色铅笔在表现色度的时候都有一定的方向性，在绘图的时候要灵活运用。整齐的排线会加强画面的整体感，而灵活的排线都会给画面灵动、潇洒的感受（图 2-1-3 ~图 2-1-5）。

图 2-1-3　不同方向的笔触

图 2-1-4　不同方向的笔触产生概括性

图 2-1-5　不同方向的笔触产生表现力

图 2-1-6　彩色铅笔可以搭配出微妙的空间色彩效果（一）

另外，铅笔的笔触感也是可以很丰富的。可以用很严谨的笔触表达精细微妙的变化，也可以用很粗放的笔触形成一气呵成的气魄。

• 铅笔的色彩控制

彩色铅笔分水溶性和非水溶性两种。水溶性铅笔比较软，色彩丰富，并且能在需要的时候进行水彩化的处理，使画面增添一种丰富的肌理。非水溶性铅笔色彩更加直接，饱和度更高，比较经济，但铅笔硬度高，下笔比较吃力。

在使用彩色铅笔时，为了突出铅笔的柔和性与步调的控制感，色彩可以逐层渲染，不能急于一步到位，使得图面僵硬，而失去了空间的通透感。这是铅笔比其他工具更能容易操作的地方，也是它独有的特性（图 2–1–6、图 2–1–7）。

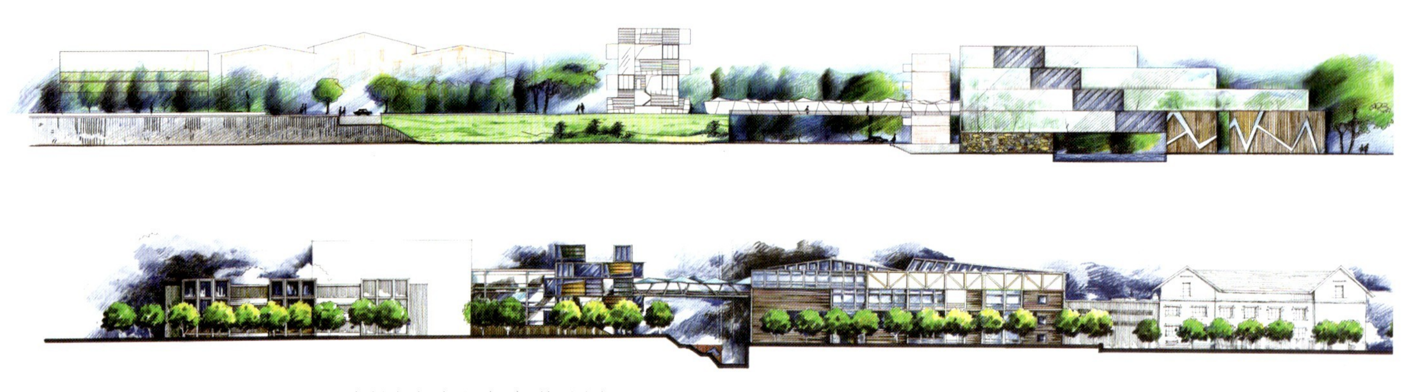

图 2-1-7　彩色铅笔可以搭配出微妙的空间色彩效果（二）（杨小牧）

（2）马克笔

马克笔具有快干、不需用水调和、着色方便和表现速度快的特点，分油性和水性两种。油性色彩鲜艳、渗透力强；水性色彩淡雅、较易与其他材料技法合用，应用广泛。马克笔主要通过粗细线条的排列和叠加来取得丰富的色彩变化（图 2-1-8）。准备 1 ~ 2 种熟悉的色彩套系，每套 7 ~ 9 支（如暖色系列、冷色系列、灰色系列等），适度分配饱和度强的色彩和灰度色彩的比重，养成由浅入深的步骤，使用灰色铺调的手法（图 2-1-9）。

（3）钢笔淡彩

水彩淡雅透明的色彩能清晰地渲染出环境的基调，便于营造空间感，而钢笔灵动、活泼的线条又将轮廓和造型明确的表达。二者结合，可以彰显出作者的风格和才华（图 2-1-10）。

钢笔淡彩要特别突出钢笔的造型作用，因为设计师的主要信息是由钢笔来表达的，如果钢笔的轮廓和层次基础不牢固的话，色彩就没有依附的价值。所以钢笔的训练非常重要。

图 2-1-8　马克笔也可以表现宏大的场景（左）
图 2-1-9　马克笔的色彩搭配（右）

图 2-1-10 钢笔淡彩传达出画面优雅的气息

图 2-1-11 ~ 图 2-1-13 表现出同一对象不同表达形式的效果。

（4）工具说明

手绘表现要借助一些工具来完成绘图的准确性和完整性，同时，绘图工具也具有自身的特性，我们要逐步认识它们（图 2-1-14*a*）。各种手绘工具的特性介绍如下：

① 上色工具

• 水溶性彩铅（水彩铅笔）

彩色铅笔可分为水溶性彩铅（水彩铅笔）和非水溶性彩铅（油性彩铅），因为非水溶性彩铅蜡感强，着色力不强，颜色暗淡，因此不推荐使用。对于环境艺术专业的同学来说，水溶性彩铅的选择，是非常重要的。从色彩的饱和度来说，应以颜色饱和、上色容易为优，尽量避免使用含有较多蜡质的彩铅，而应该使用

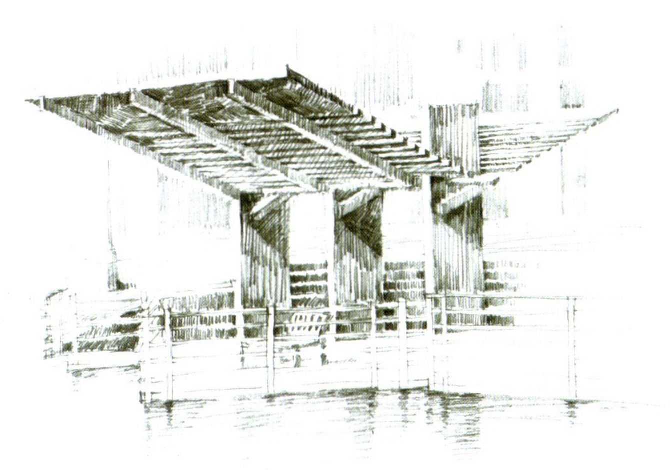

图 2-1-11　铅笔

图 2-1-12　钢笔

图 2-1-13　马克笔

含有大量粉质的彩铅。

从色彩数量的配置上说，专门使用彩铅的同学，建议配置在 48 色以上。而且在条件允许的情况下，除了配置套装彩铅以外，也建议补配单只绿色和灰色系列的彩铅，以丰富画面的表现力。目前，设计用品市场上彩色铅笔种类很多，也各有特点，下面列举几种优质彩铅以供参考。

高尔乐水溶性彩色铅笔（产地：中国，36 色，市场价约 85 元）是一套比较好用的彩铅，颜色冷暖搭配比较合理，上色性强，是一套口碑较好的大众化彩铅。

施德楼（STAEDTLER）金钻级水彩铅笔（产地：德国纽伦堡，48 色，市场价约 650 元）虽然价格高，但是质量非常好，笔芯细腻，颜色浓郁，蜡感弱，化水后颜色饱和而透明，适用于各种纸张的绘画，是一套专业级的水溶性彩铅（图 2-1-14*b*）。

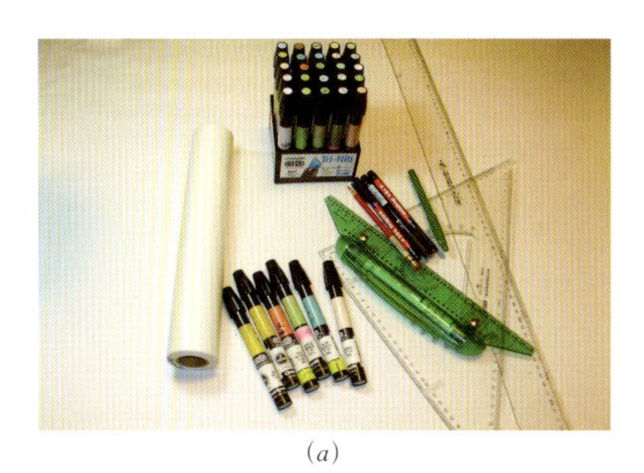

(*a*)

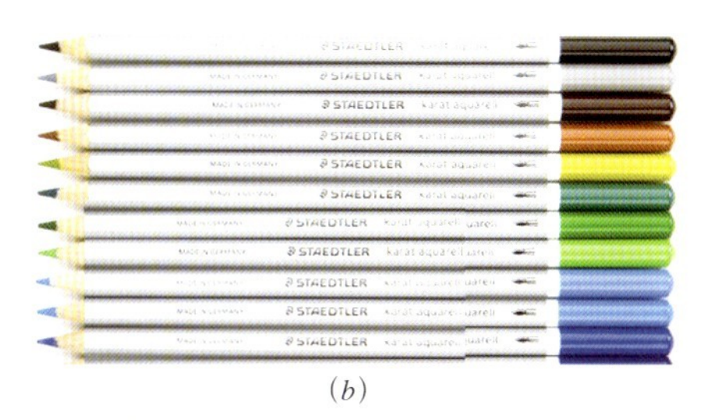

(*b*)

图 2-1-14　施德楼金钻级水彩铅笔

图 2-1-15　TOUCH 油性马克笔

• 马克笔

在园林景观表现领域，油性马克笔越来越得到手绘爱好者的喜爱，而油性马克笔因其笔触力度和线型的差异，又分为纯方头马克笔和圆方头马克笔，纯方头马克笔笔触刚毅、富有力感，圆方头马克笔笔触变化和趣味性比较强。下面列举两种优质马克笔以供参考。

三福油性马克笔（产地：美国，市场价约 13 元 / 支），是圆方头马克笔的代表，也是目前极为流行的马克笔，颜色饱和且稳定，出水性强，笔头耐久性强，是一种非常理想的手绘用笔。

TOUCH 油性马克笔（产地：韩国，市场价约 11 元 / 支），是纯方头马克笔的代表，颜色鲜艳，笔触大气，可以画出非常具有力量的笔触效果，特别适合于建筑的表现（图 2-1-15）。

②勾线工具

这是一个极易被忽略的工具类别，但它却是非常重要的，勾线工具的质量，也直接影响着上色工具的发挥，下面列举几种优质的勾线工具。

• 中性笔类

如真彩中性笔芯 717 号（产地：中国，市场价约 1 元 / 支），这是一种性价比非常高的笔芯，笔尖出水流畅，粗细合适，手感好，且不易堵墨，可以勾出比较细的线条。

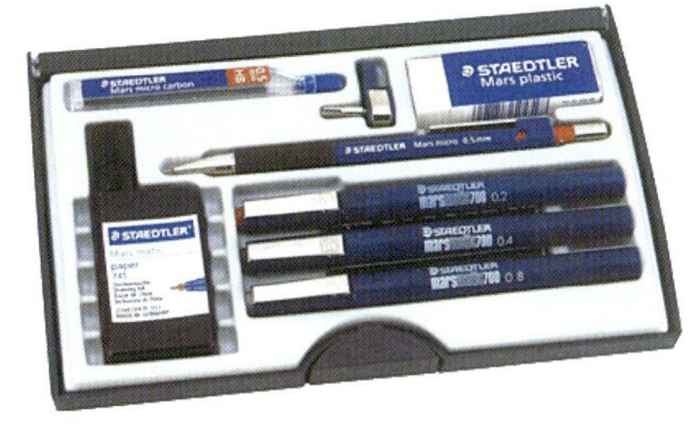

图 2-1-16　施德楼可灌水针管笔

• 钢笔类

如英雄 266 钢笔（产地：中国，市场价约 7 元 / 支），是性价比非常高的钢笔，全不锈钢的笔身，笔尖耐用且润滑，可以勾出较 717 号中性笔粗的线。

• 可灌水针管笔类

如施德楼 STAEDTLER MARS700 专业针管笔（产地：德国，市场价约 225 元 / 支），非常专业的针管笔，笔头细腻，做工精良，内丝细滑，不会刮纸，出墨量很合适，不会漏墨也不会断线，是一款在设计界享誉极高的绘图工具（图 2-1-16）。

• 一次性针管笔类

一次性针管笔，是可灌水针管笔的简化版，其性质是纤维笔。在为求简便快捷的情况下可以取代可灌水针管笔使用，同样能够画出相应宽度的线条，如施德楼 STAEDTLER 308 幼线笔，包含 0.05~2.0mm 的不同线宽。该笔的优点在于出水量非常适中，不容易断墨和出水过多，和 MARS700 一样，它也是一款在设计界享誉极高的绘图工具。园林景观建筑手绘效果图，可以配备一支 0.2mm 的（用于绘制一般线条），一支粗于 0.5mm 的（用于绘制阴影和填充的地方）以及一支 0.05mm 的（用于细部刻画）（图 2-1-17）。

图 2-1-17　施德楼一次性针管笔

图 2-1-19　单株树木

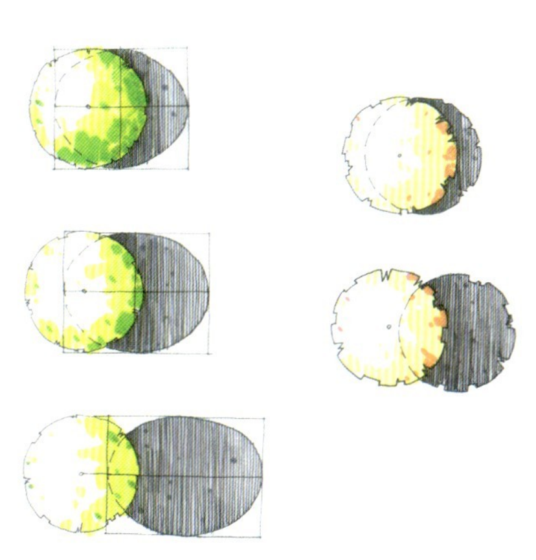

图 2-1-20　有落影的树

• 自动铅笔类

如施德楼 STAEDTELR MARS 775 自动铅笔（产地：德国，市场价约 38 元 / 支），手感极佳，工程塑料笔杆，经久耐用，不锈钢伸缩笔头的设计，使握笔时重心较稳，不易断，是众多绘图自动铅笔中比较经典实用的一款（图 2-1-18）。

图 2-1-18　施德楼自动铅笔

2.1.2　对单个物体的认识

画好一棵树、一座建筑、一个人物，体会单用线条表达形体、肌理、光影的原理，并且，摸索出一套关于色彩搭配在单体上的表现原理。

（1）树木

① 平面

• 单株树木（图 2-1-19）

• 有落影的树（图 2-1-20）

• 组群树木（图 2-1-21）

• 群落植被（图 2-1-22）

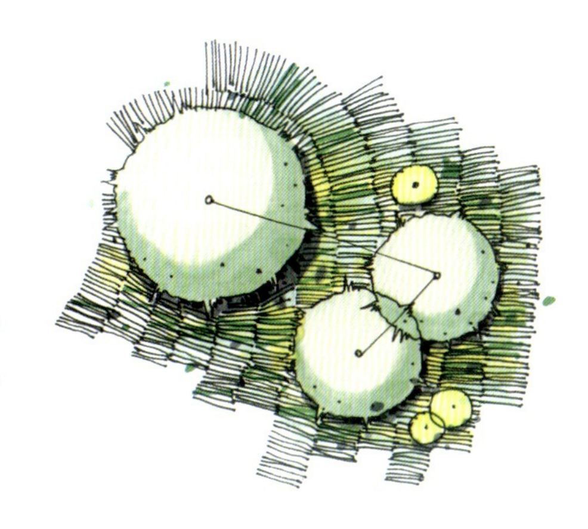

图 2-1-21　组群树木

②立面

• 画树的步骤（图 2-1-23、图 2-1-24）

• 树型（图 2-1-25）

• 树的种类（图 2-1-26）

③不同的表现方式

• 写实表现（图 2-1-27）

• 写意表现（图 2-1-28）

• 抽象表现（图 2-1-29）

• 树的组合（图 2-1-2-30）

图 2-1-22　群落植被

图 2-1-23　画树的立面的步骤

图 2-1-24　同一棵或者一丛树在具体表现时的不同方法

图 2-1-25　树型的概括

图 2-1-26　树的种类

图 2-1-27　写实表现　　图 2-1-28　写意表现　　图 2-1-29　抽象表现

图 2-1-30　树的组合

（2）建筑

建筑的出现首先是形体轮廓的问题，因此，建筑应具备准确、肯定的轮廓特征。常常使用宽窄层次不同的线条来表现建筑形象的整体感。为了强化建筑形象，表现它的光影效果是很重要的辅助手段。同时，为了丰富建筑的形态特征，其应有的肌理、材质都应有适当的表现，如砖、石、水泥、玻璃、面砖、屋面瓦、木材、大理石、水磨石、陶瓷锦砖、石膏等不同材质（图 2-1-31)。

图 2-1-31　认识建筑的体量、质感及表现

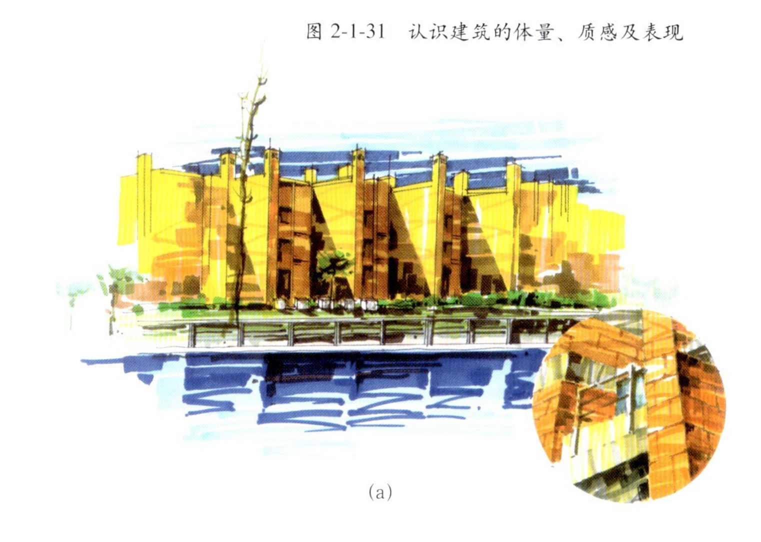

(a)

(b)

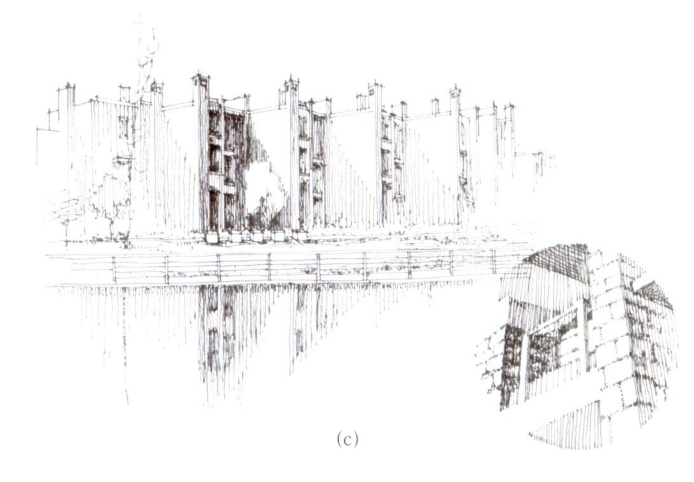

(c)

图 2-1-32　现代风格的建筑画练习

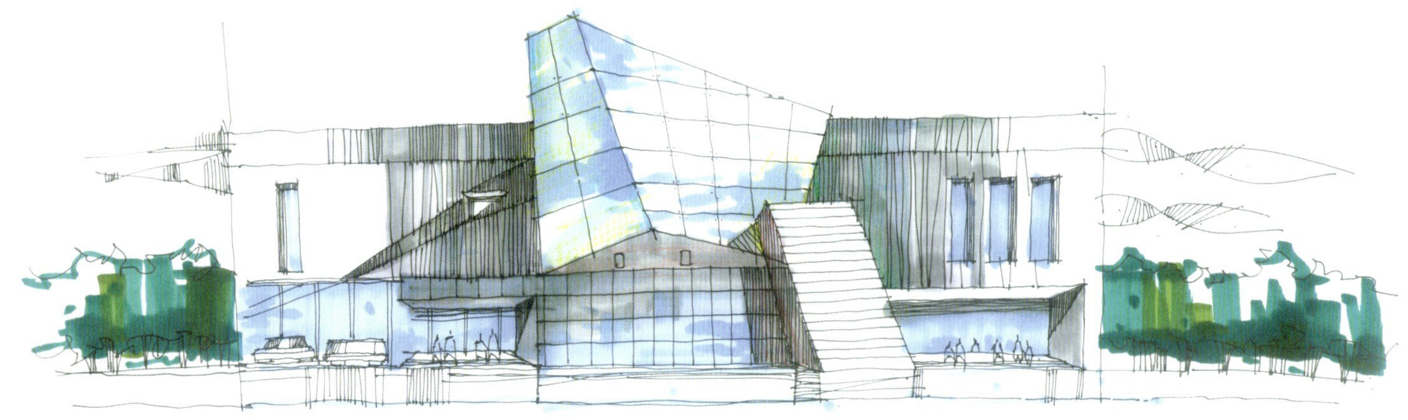

表现中可以运用概括的手法，就是通过分析，去粗取精，保留那些重要的、最突出和最有表现力的东西并加以强调，对于一些次要的、微小的枝节上的变化，则应大胆地予以取舍。

• 现代风格（图 2-1-32）

• 传统风格（图 2-1-33）

（3）人物

人是很重要的画面要素：其一，由于人物的出现使画面顿时显得生动，衬托出场地的属性；其二，人群的出现还利于表现场景的进深；最后，人物还有一个作用，可以作为衡量空间的尺度标准。所以，快速表达中对人物的理解与表现是非常重要的（图 2-1-34）。

①单个人物

人物特征：平时要注意观察和积累人物特征，表达出更丰富的人物特征是很有用的。青年、少女、中年妇女、老人都有各自的特征，表现时只需重点抓住这些特征来下笔（图 2-1-35）。

图 2-1-33　传统建筑风格练习

图 2-1-34　人物对场景的说明性作用（李彦萨　环境艺术设计 01 级）

②组群人物

人物关系：表现人物时要有群组的概念。

生动地展现人物之间的关系是很有效的表达方式（图 2-1-36、图 2-1-37）。

（4）水体

水体一般会占据画面很大的比例，画得好可以给画面增添很多生机，而一旦失误，就很难补救。与表现地被植物不同的是，水面的表现一般不会借助纹理，而是用加强边界的画法表现水体的界限，上色时一般使用单纯统一的色调。

①水面的表示（图 2-1-38）

• 纹理；

• 等深线；

• 其他表示方法：浮生物、船只、驳岸。

图 2-1-35　人物特征

图 2-1-36　人物出现对场所感和透视感的加强

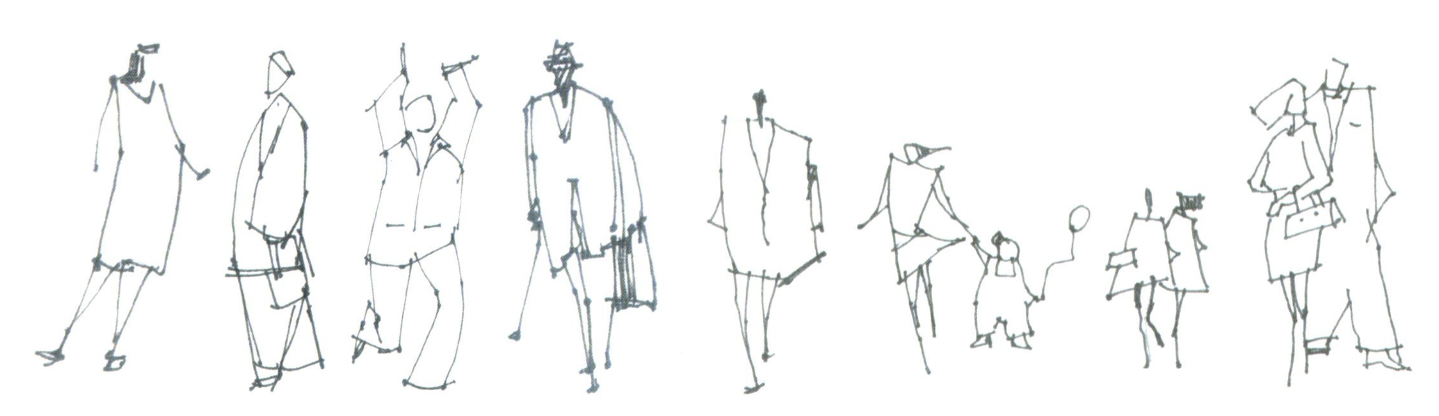

图 2-1-37　要经常练习用简笔画的方法概括不同的人物特征

图 2-1-38　水面的表示

图 2-1-39　色彩的渲染

②色彩的渲染（图 2-1-39）

• 闪光；

• 深浅色调。

（5）景石

①石头的表现（图 2-1-40）

②置石的方式（图 2-1-41）

（6）地灌

地灌植物一般作为图面的统一要素出现，因此，地灌的表现要做到纹理一致并且均匀。并且，要注意地灌纹理的疏密搭配与周围环境的节奏关系（图 2-1-42）。

（7）汽车（图 2-1-43~ 图 2-1-45）

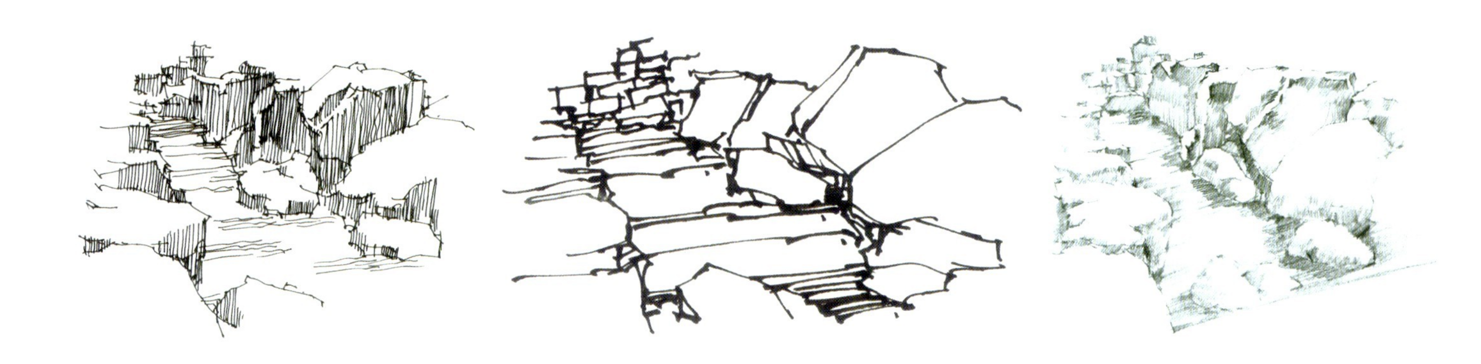

图 2-1-40　石头的表现

图 2-1-41　置石的方式

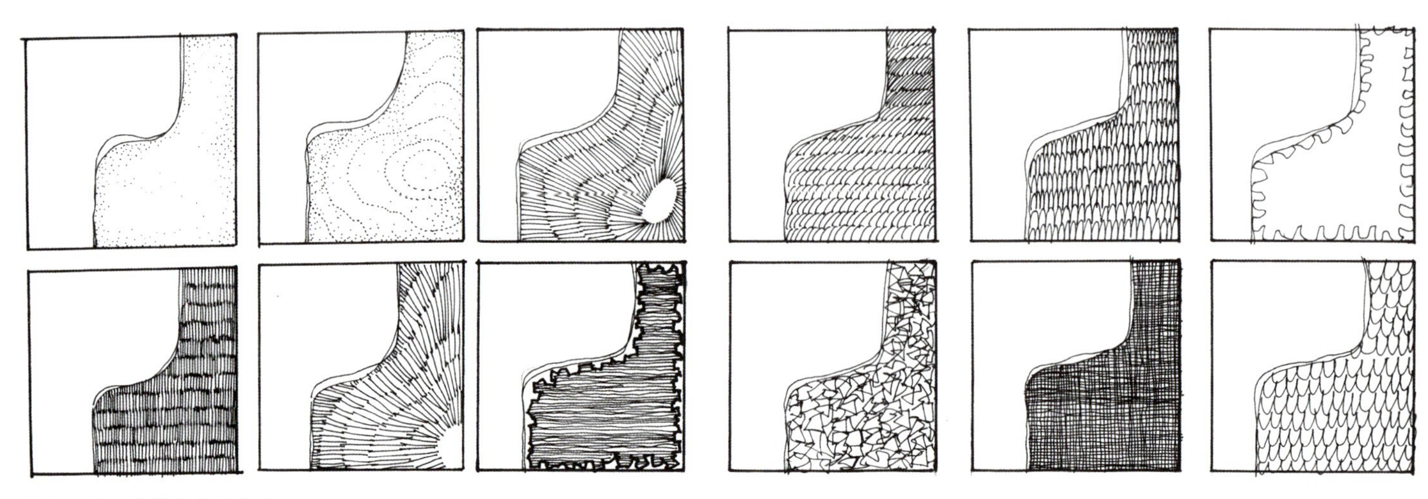

图 2-1-42　地灌的表现方式

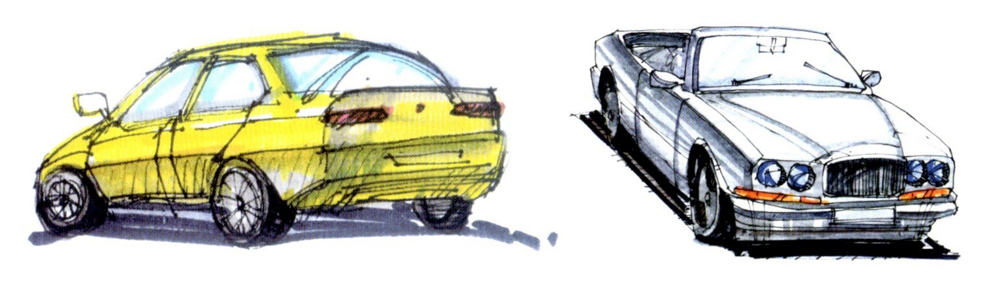

图 2-1-43　汽车的受光表现

图 2-1-44　汽车的三分关系

图 2-1-45　各类汽车的表现

2.1.3 对透视原理的应用

快题设计由于要最快最直观地表达出设计者的意图，因此常会运用到透视图的绘制。透视原理帮助设计师较为准确地推导出透视角度、物体尺度等，是我们必须掌握的构图原理和基础。

（1）透视图的基本特征

透视具有消失感、距离感，相同大小的物体呈现出有规律的变化（图2-1-46）。总结如下：

• 随着距离画面远近的变化，相同的体积、面积、高度和间距呈现出近大远小、近高远低、近宽远窄和近疏远密的特点。

• 与画面平行的直线在透视中仍与画面平行，这类平行线在透视中仍保持平行关系。

• 与画面相交的直线有消失感，这类平行线在透视图中趋向于一点。

（2）透视图的种类

• 平行透视图

指在一点透视中，空间三组轮廓线中有两组与画面平行，一组与画面垂直。适合表现场面宽广或纵深较大的景观，室内透视也常用这种方法表现。

另外，一点透视有一种变化的画法，在心点的旁边另设一个虚灭点，使原先与画面平行的那个面向虚灭点倾斜，称为斜一点透视，可以改变一点透视平滞、缺乏生气的不足，因而运用广泛（图2-1-47）。

图 2-1-46 透视图的基本特征

图 2-1-47　一点透视

图 2-1-48　成角透视

• 成角透视

当空间体只有铅垂线与画面平行时所形成的透视称为两点透视。若从景物与画面的平面关系看，又可以称为成角透视（图 2-1-48）。

• 鸟瞰图

鸟瞰图能最大范围地看到所表现的场景，特别对于宏大的规划项目有整体的说明效果。在画鸟瞰图要注意，因为鸟瞰图的场面很大，在处理的时候一定要有重点和精彩的部分，不能平均对待（图 2-1-49）。

• 轴测图

轴测图是在不表现消失感的情况下作的全面反映设计意图的透视图，实际上是虚拟的。轴测图的优势是我们可以抛开透视点的顾虑而全心地投入到具体的设计表现中。体量感空间很强的建筑以及室内方面的表现经常会用到轴测图。在室外景观的表现中，它非常适合表现小尺度的局部设计（图 2-1-50）。

图 2-1-49　鸟瞰图

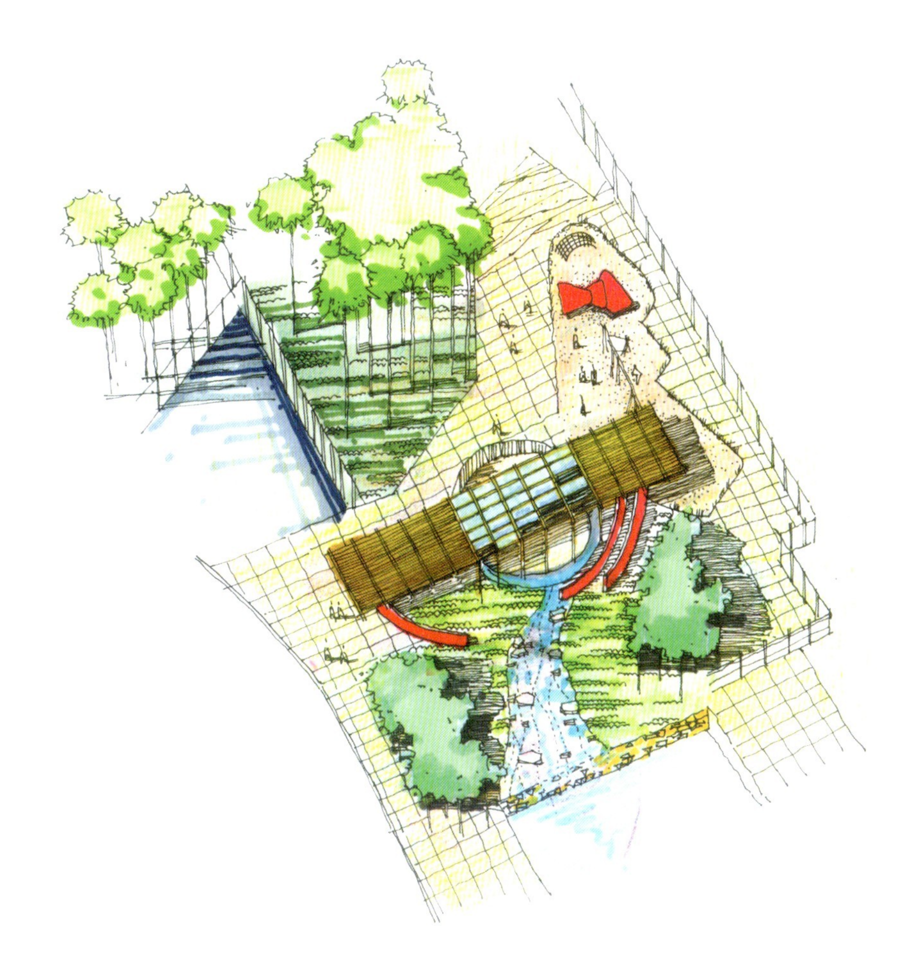

图 2-1-50　轴测图

图 2-1-51　视域

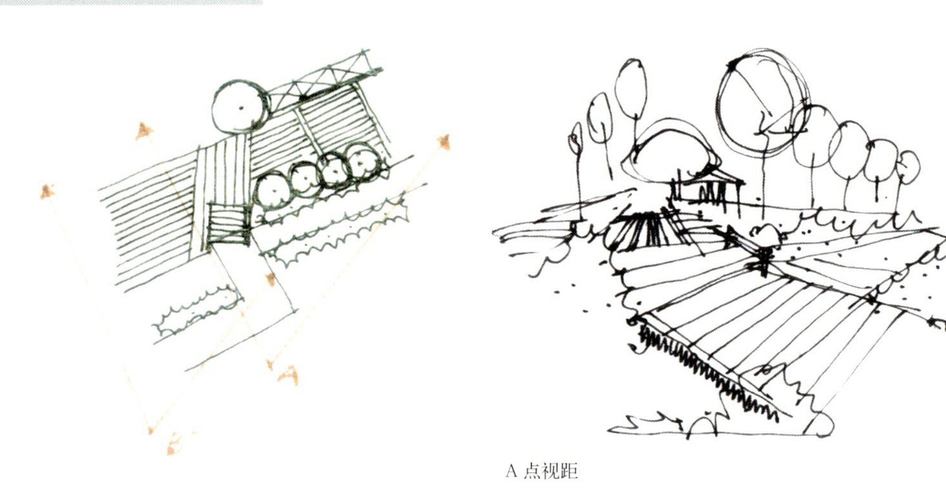

A 点视距

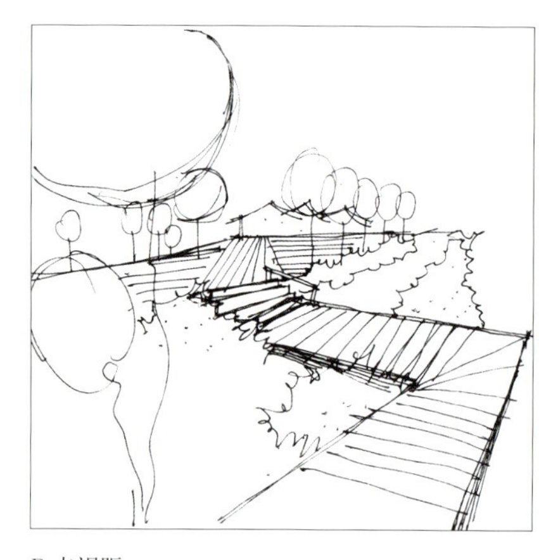

B 点视距

图 2-1-52　视距

A 点视高

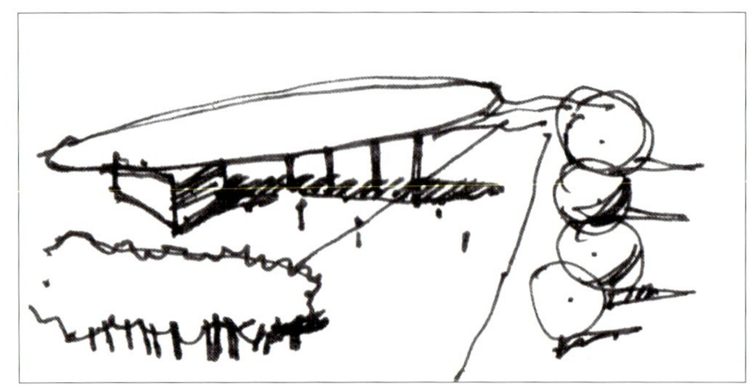

B 点视高

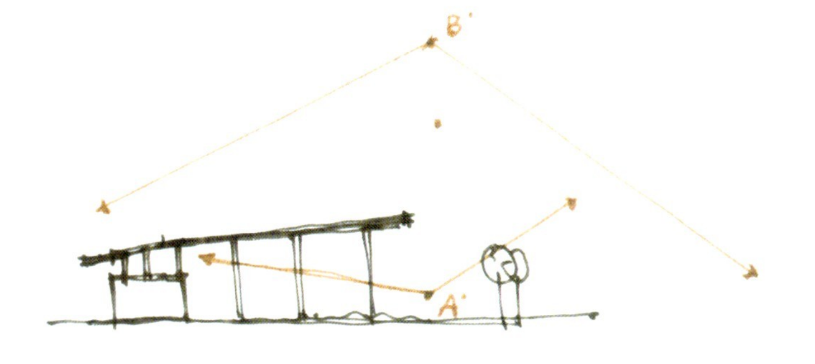

图 2-1-53　视高

（3）透视参数的选择

• 视域

视域是指观察者所取的视觉范围角度。初学者往往会选择很大的视域范围，想把所有的对象都包含在内，结果是画面没有重点。事实上，我们选择的视域范围不要太宽也不能太窄，以画面的主要对象为中心点来决定（图 2–1–51）。

• 视距

视距是观察者与对象之间的距离。初学者容易犯的错误是把视点逼近对象，用很短的视距来表现场景。这样做会使画面显得很满，没有空间余地（图 2–1–52）。

• 视高

视高指视点在多高的位置上来观察对象。不少初学者以为选择俯视的角度最能表现场景。虽然俯视图在表现场景的全貌上是很好的，但在表达场景氛围上还是平视图更有优势。设计者的很多意图在平视图中能得到充分展现，并且平视图更能产生场景的亲切感。所以我们要养成从平视的视高观察和表现场景的习惯（图 2–1–53）。

（4）透视图的几点原则（图 2–1–54）

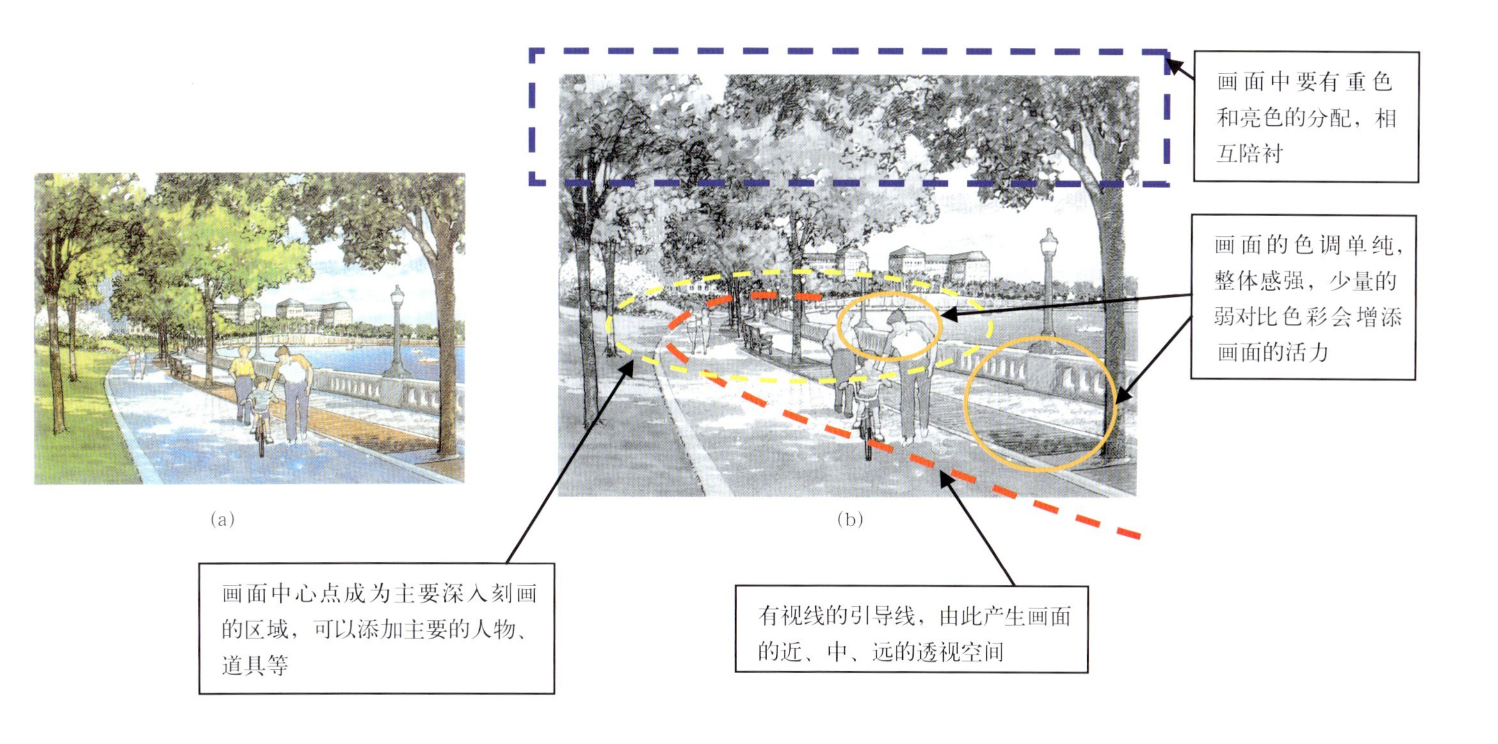

图 2-1-54　一张成功的透视图的几点原则
(a) 原图；(b) 分析图

2.1.4　对场景氛围的把握

(1) 场地类型

在透视图中把握场地类型是非常重要的环节，它可以帮助你取舍画面中的各种元素并组织好它们，从而营造好场地的氛围（图 2-1-55）。

(2) 小品设施

一幅精彩的手绘透视图如果在场景的渲染上是成功的话，一定准确地包含了反映场地特色的必要的信息。其中，场地的道具就是其中很重要的因素。比如，商业空间的灯箱广告招牌、政府广场上的国旗台、儿童游乐场的游乐设施、广场上穿梭的人群、小区空间的休闲咖啡座等。虽然这些道具设施并不是设计的本身，但却点出设计的内容和性质，因此值得我们注意（图 2-1-56）。

(3) 人群活动

人群活动要和场景的功能用途有所联系，比如在游泳池旁戏水的人，喝饮料的人，在公园内散步的人，恋爱的人，在商业环境中穿梭的人群，有职业人士、旅游的学生等等。这些人物的出现有力地烘托了场景氛围（图 2-1-57）。

图 2-1-55　要表达充分场地的使用性质

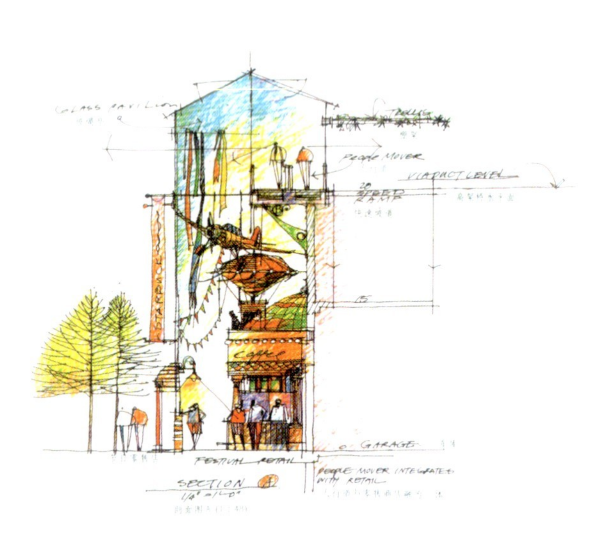

图 2-1-56　场地中的道具设施

图 2-1-57　场地中的人物活动（易道公司作品）

2.2　分析技能

场地设计条件的分析是快题设计中非常重要的内容，虽然它不是设计的结果，但是对于阅读设计的人来说，无论是业主还是老师，都能够得到设计的依据，反映出设计者是尊重场地的、具备设计原理的职业设计师（图 2-2-1、图 2-2-2）。

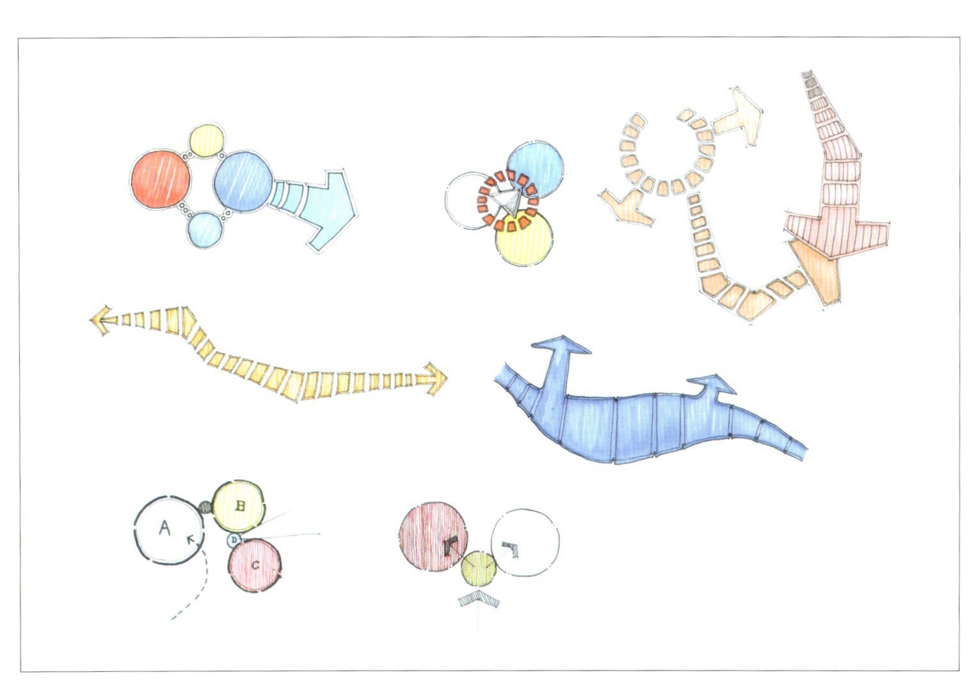

图 2-2-1　分析的图面表达（一）

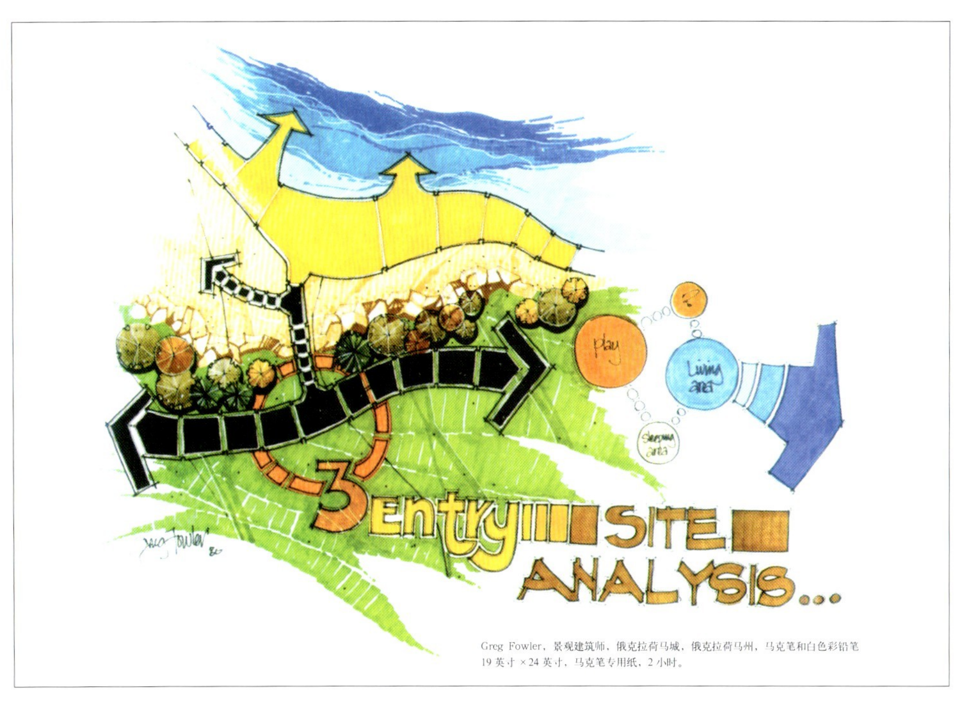

Greg Fowler，景观建筑师，俄克拉荷马城，俄克拉荷马州，马克笔和白色彩铅笔
19 英寸 ×24 英寸，马克笔专用纸，2 小时。

图 2-2-2　分析的图面表达（二）

2.2.1 对设计条件的理解

任何快题设计都有一定条件限制，正是这些条件使得设计有了根据和前提。那么，我们要善于去捕捉这些设计上的限制条件，并且敏锐地反映在设计的构思当中。

（1）地形

地形对于设计具有很强的干预性，设计师从生态的角度出发，应减少挖填土方量，而更多地利用现场的有利条件，从视线、风向等方面来组织场地相关的朝向、交通等问题。

案例分析：坡地景观场地设计。该案例在一个坡地上，建造具备地域特色的建筑设计，并根据其背山面水的特点来整理场地（图 2-2-3）。

（2）朝向

作为景观建筑物或者构筑物都有一个很重要的特征——与环境的交流与沟通。而这个特点很多时候是通过建筑的朝向带来视觉上的变化体现的。因此设计

图 2-2-3　地形分析的案例

师要善于作景观建筑的朝向分析，尽量多地反映出它的多面性。建筑与环境的沟通性很强，特别是在竖向构图上，很讲究其空间的虚实变化。作为设计的有机条件，朝向是很明显地带来外在变化的要素（图 2-2-4）。

（3）交通

快题设计的交通条件往往是主宰设计形成的重要因素。作为场地的条件或者是设计的条件，交通的组织变化都是非常多样的，空间随着其转化的过程而展开（图 2-2-5）。

以上三种设计条件都是现场性的，具有较强的技术特征。然而，快题设计并不是仅仅只有现场条件，更重要的是，还有看不见的社会文化因素影响着设计的形成。因此，我们将这一部分也归并于设计的内在条件。

（4）区域

设计的场地并不是存在于真空当中，它是在区域的影响甚至培育下形成的。因此，设计的分析必然要反映出场地在区域的景观价值（图 2-2-6）。

图 2-2-4　朝向分析的案例

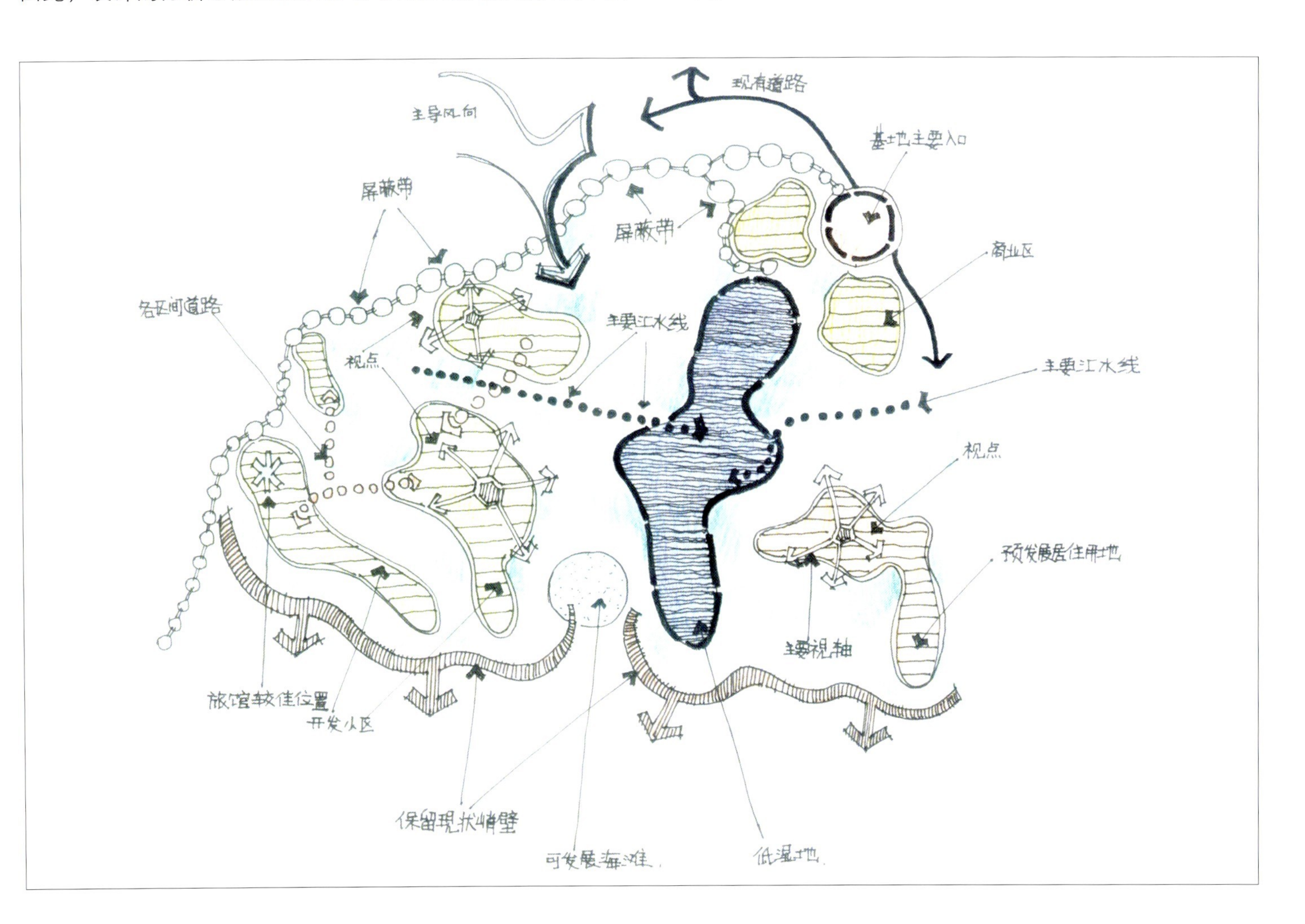

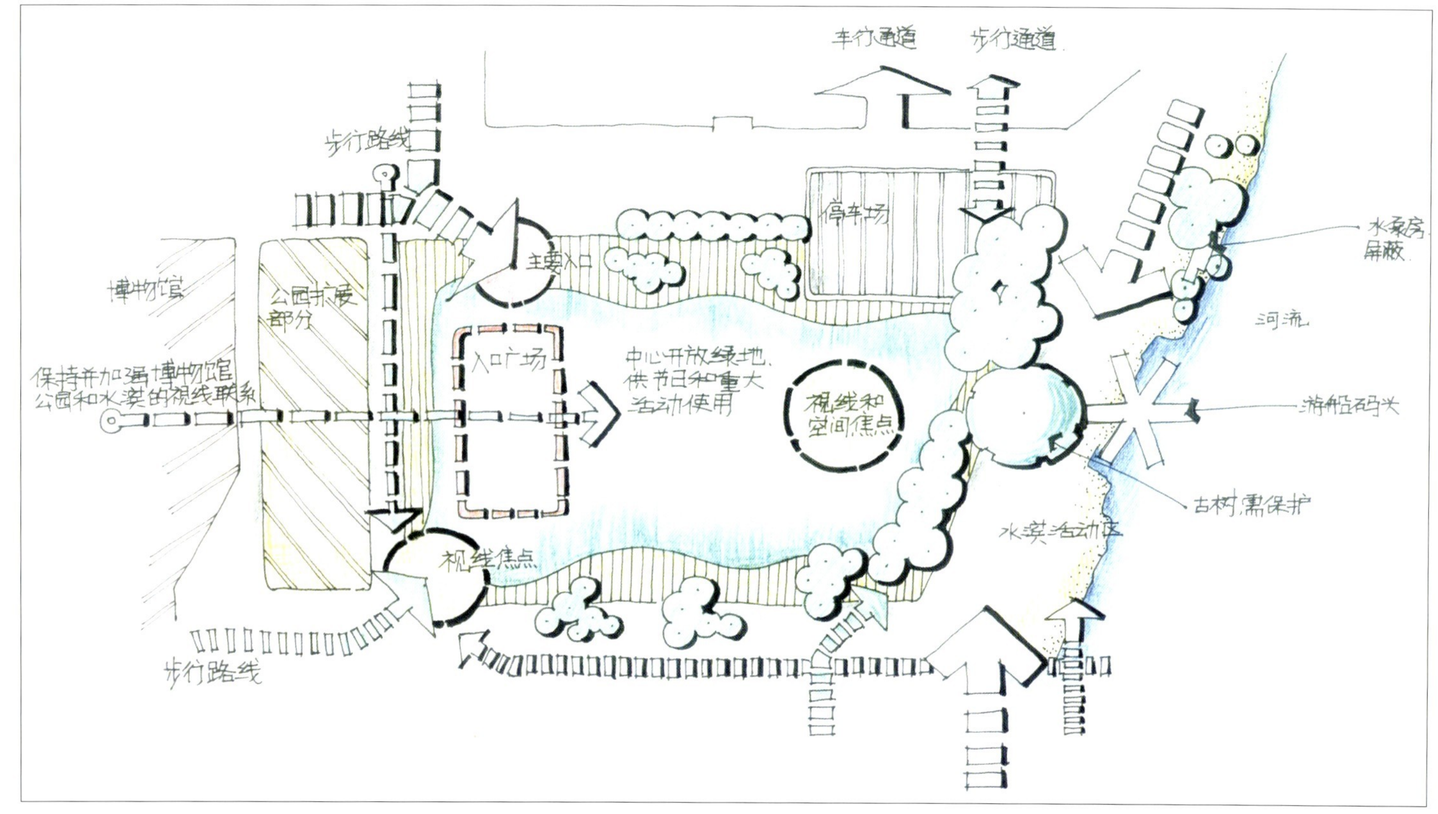

图 2-2-5　交通分析的案例

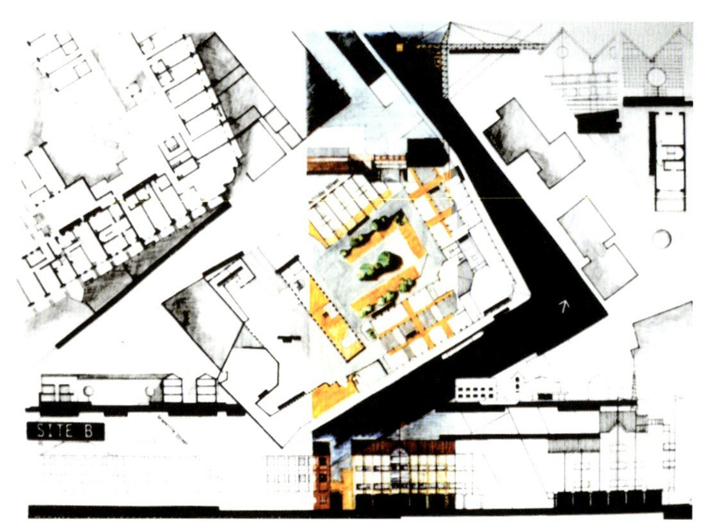

图 2-2-6　设计区域的分析

（5）意象

意象是设计师根据场地的分析，对其未来的主观方向决策。在分析阶段往往表现为一些片段性的思考和试探性的草图研究。我们在很多大师的经典案例中常看到这样的构思过程，实际上这就是一种分析与创意交错的过程（图 2-2-7）。

分析图解在快题设计中虽然不可能占主要的部分，但是一张表现丰富的分析图可以更充分地展现设计师的专业性。

设计分析图是设计过程中常用的草图，基地图解常有生动的符号，如图 2-2-9 显示的太阳和平面树符号，它们代表现实的一种简化、抽象。通过运用图解符号，那些基地上有影响力的因素，诸如等高线、交通流线、视线、日照、风向条件、噪声、分区原则、地平线、土地使用以及毗邻的景观都可以快速地进行图像记录和分析。

常见的图解分析内容有：

• 道路方向；

• 景观视轴、视域；

• 主要节点；

• 空间关系；

• 体现逻辑性、系统性、完整性。

分析图面一般都有线条粗犷、标注醒目的图解特征（图 2-2-8、图 2-2-9）。

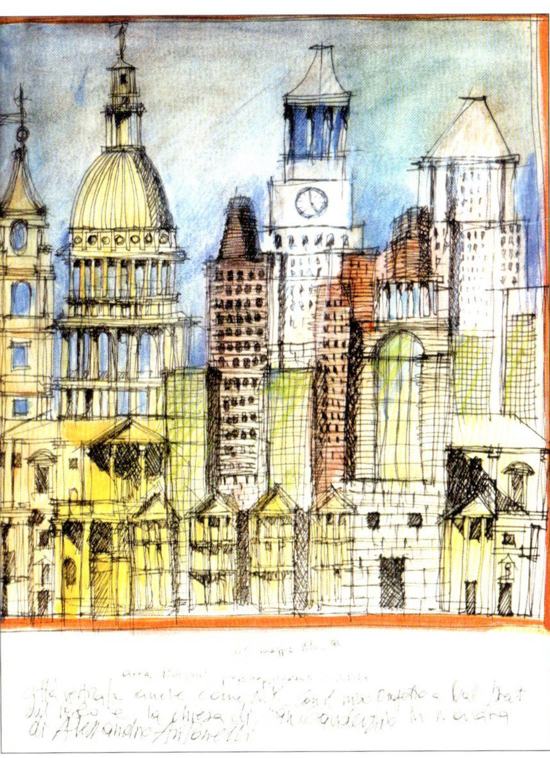

图 2-2-7　设计意象的分析（意大利　罗西作品）

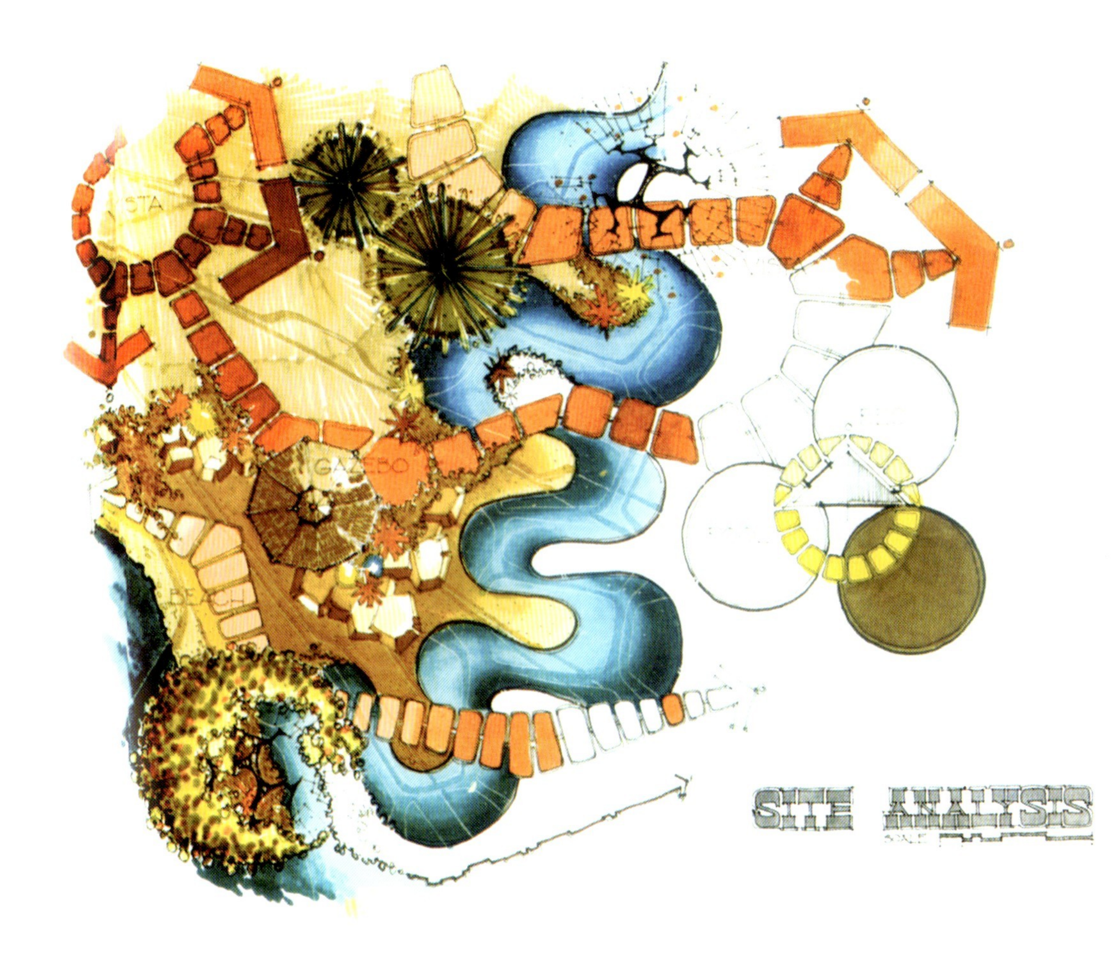

图 2-2-8 分析图例（一）

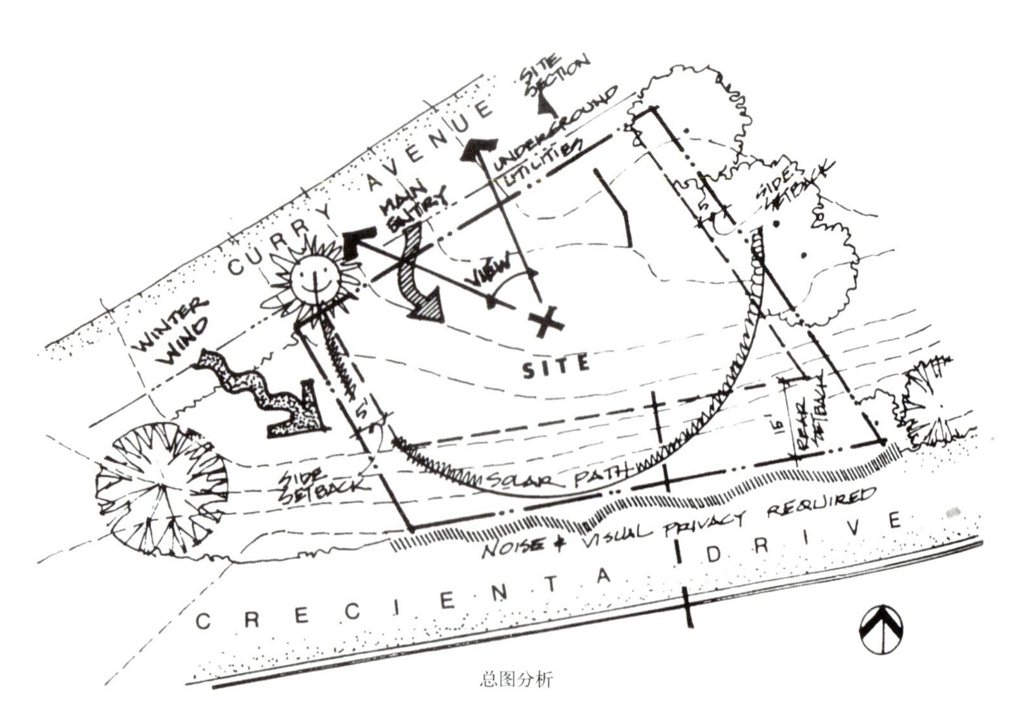

总图分析

图 2-2-9 分析图例（二）

2.2.2　对设计过程的控制

设计过程主要表现出作者是怎样经营空间与景观形象的。这方面的内容根据不同的设计目的和不同的理解有很多的处理方法，这里解释常见的几种：

- 功能分析（泡泡图）（图 2-2-10，图 2-2-11）
- 设计的演变（图 2-2-12，图 2-2-13）
- 创意中心（图 2-2-14）

2.2.3　对设计结果的确认

在分析图解思路的引导下，快题设计的图面最终还是要有一个设计的结论和确认。这个确认实际上就是设计师心目中的设计的最有力的表达。

设计结果的确认是头脑中很确定的反映，具体的表现是很多样的，比如在线型上的强调，在标注上的全面，在表达上的丰富等（图 2-2-15~ 图 2-2-18）。

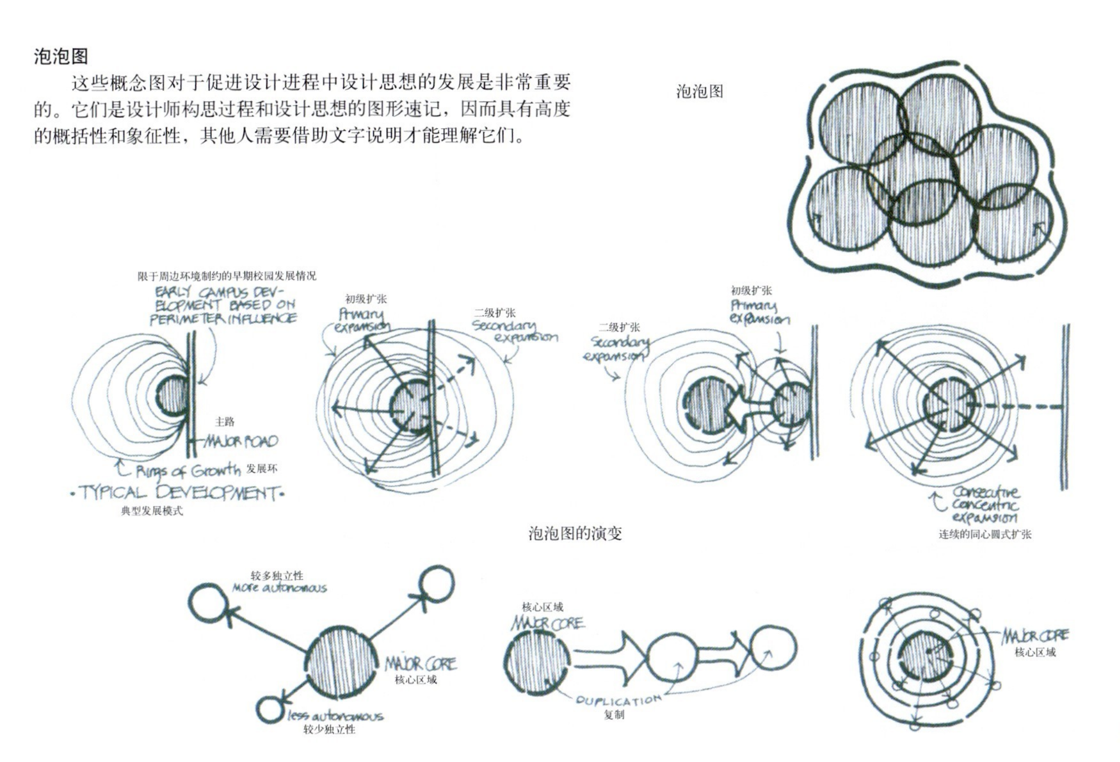

图 2-2-10　功能分析

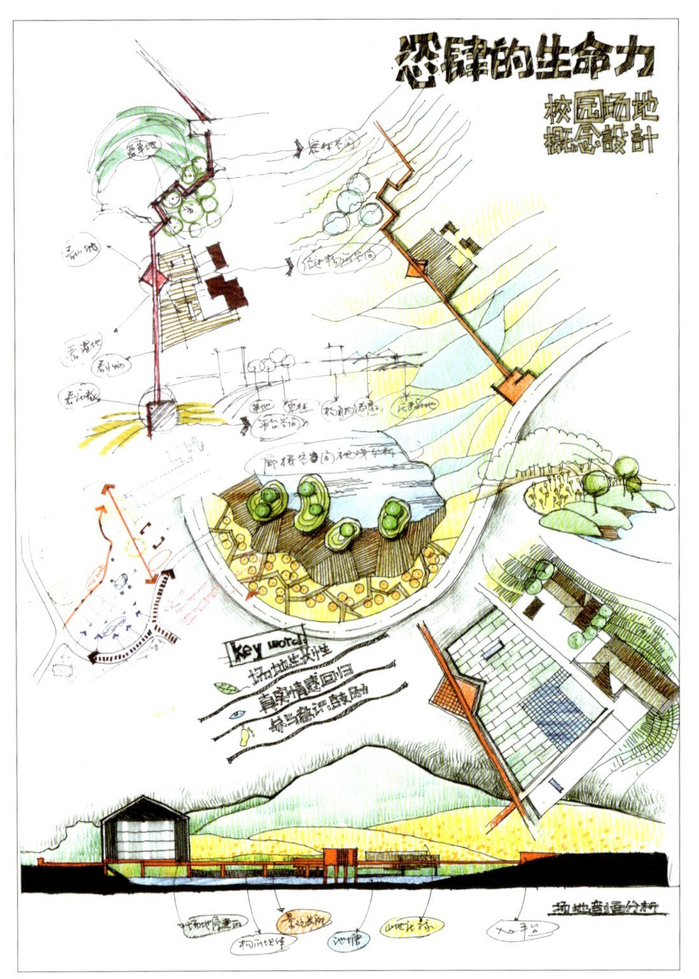

图 2-2-11 场地功能分析

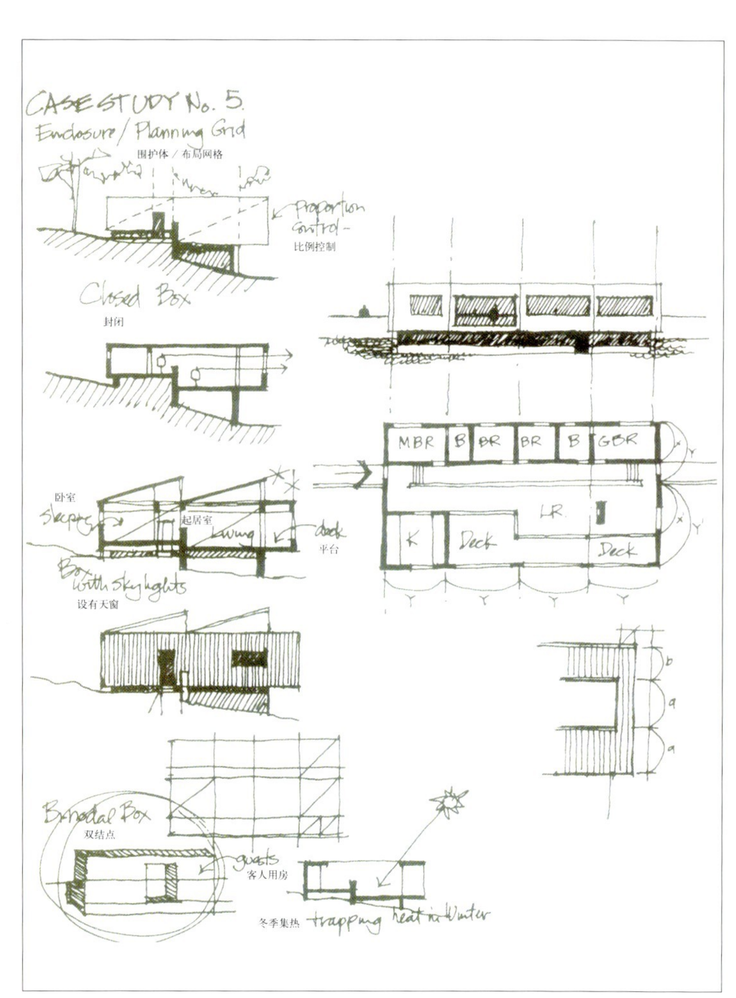

图 2-2-12 设计的演变（一）

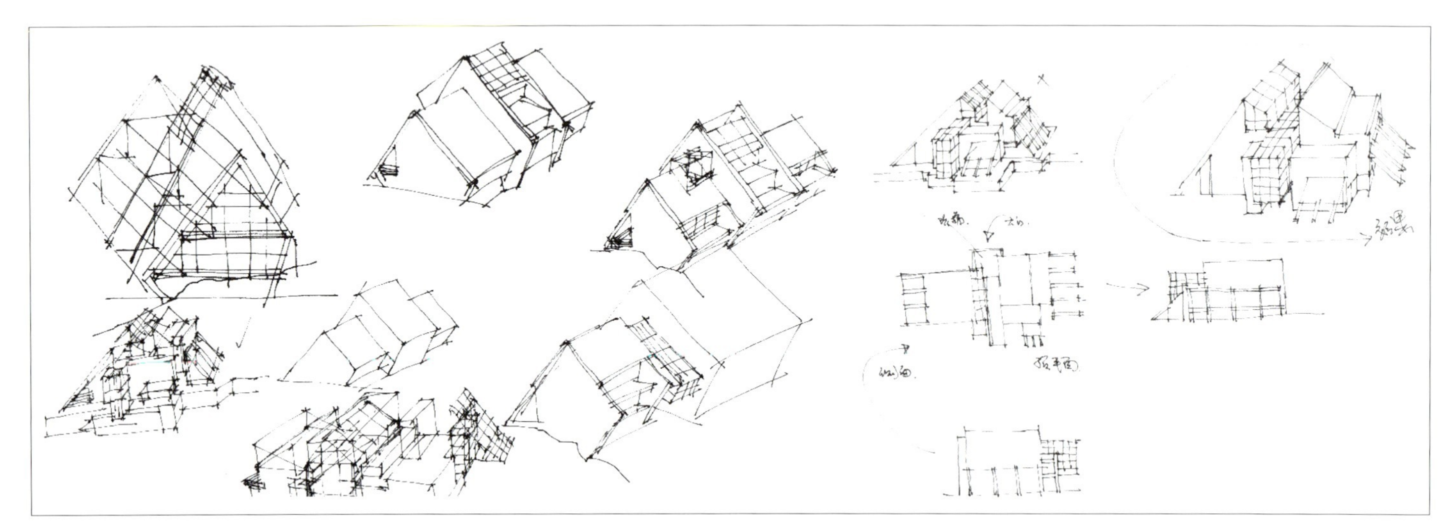

图 2-2-13 设计的演变（二）

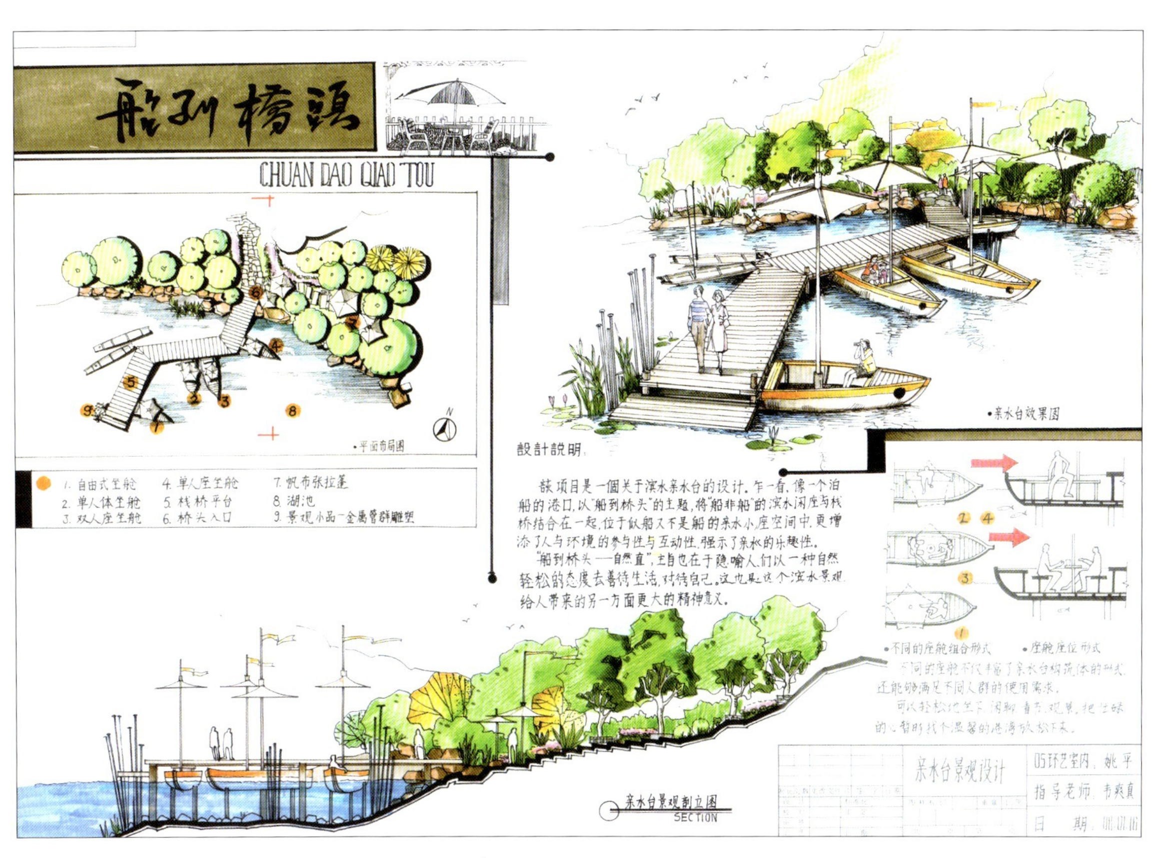

图 2-2-14　创意中心的反复强调
（姚平　环境艺术设计 03 级）

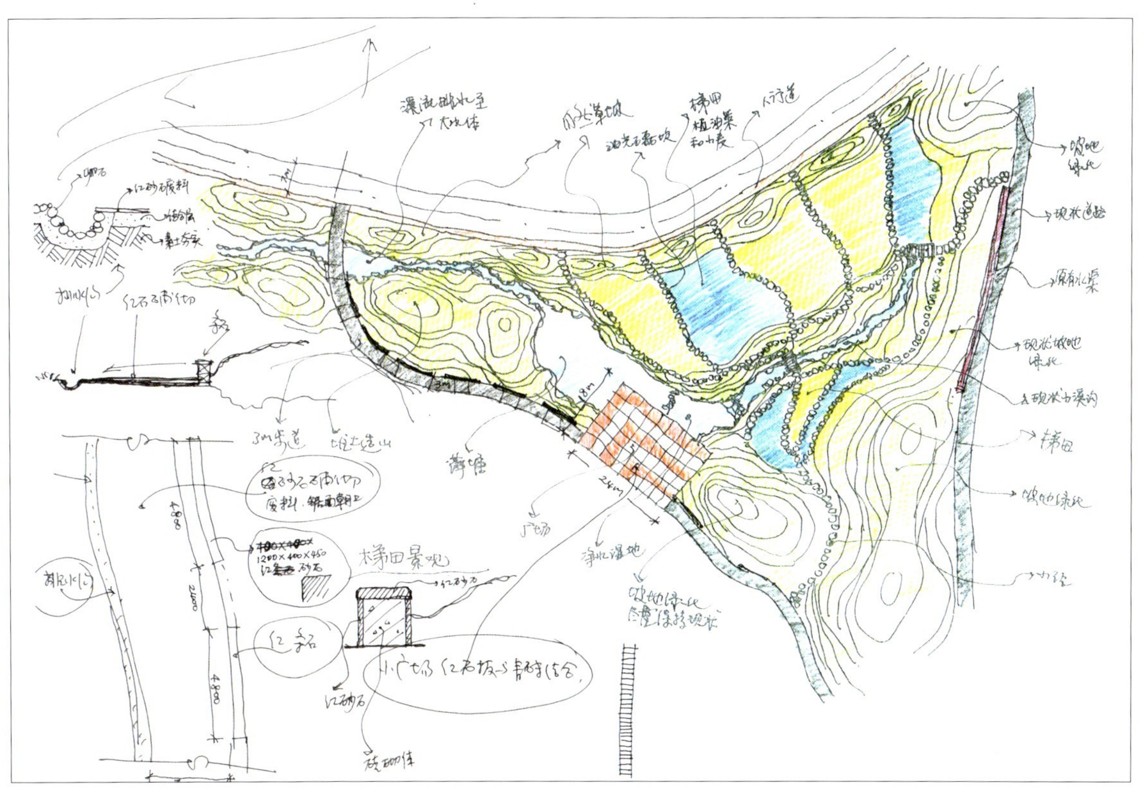

图 2-2-15　在设计结果上不断地补充分析
（李昌涛　环境艺术设计研究生 08 级）

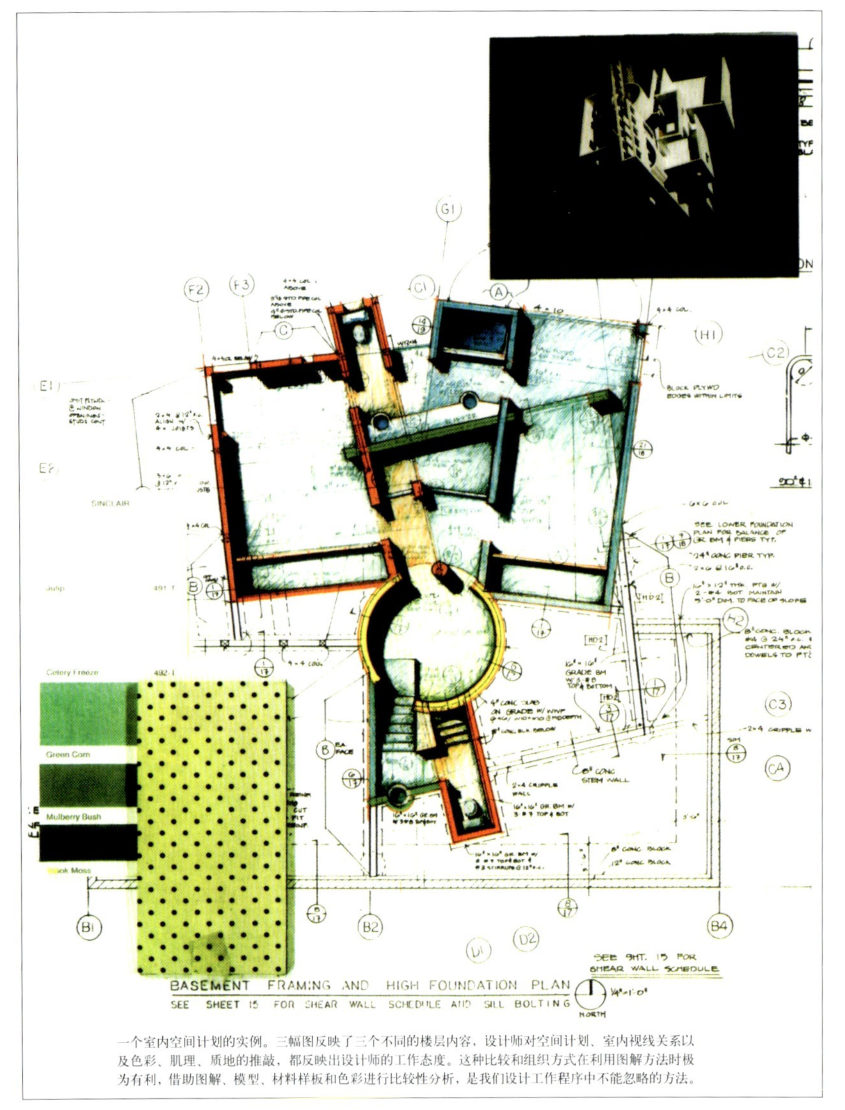

一个室内空间计划的实例。三幅图反映了三个不同的楼层内容，设计师对空间计划、室内视线关系以及色彩、肌理、质地的推敲，都反映出设计师的工作态度。这种比较和组织方式在利用图解方法时极为有利，借助图解、模型、材料样板和色彩进行比较性分析，是我们设计工作程序中不能忽略的方法。

图 2-2-16　在设计结果上不断地补充分析

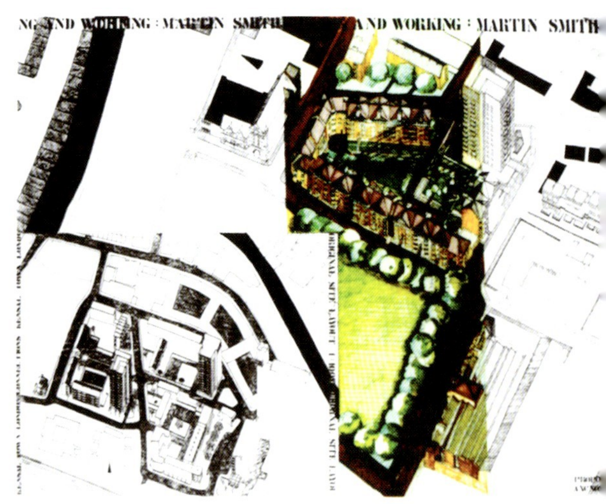

图 2-2-17　在设计结果上不断地肯定想法

图 2-2-18　在设计结果上不断地强化重点部分

2.3　表达技能

表达技能是快题设计中的最重要的部分，也是考核的重点。其中，主要把握好以下几个方面：

- 平面图的表达要素；
- 立面图的表达要素；
- 透视图的表达要素；
- 图解的逻辑性、系统性和完整性。

2.3.1　平面图的表达要素

在平、立、剖面图，透视图和鸟瞰图中，平面图最为重要。因为，园林景观设计的平面布局设计很重要，所有空间的功能、性质、形态全部都集中在平面图中得到表现。整个景观设计的布局结构、景观空间构成以及诸设计要素之间的关系都包含在其中。我们要从以下几个方面做好准备：

（1）符号图示

虽然快题设计多数是徒手表现的，但并不表示放松对制图的要求。尺度、比例等制图要求是很重要的。主要指一系列的专业表达的符号、标注要符合规范，并且，要熟练运用这些专业性的语言，有时它们会是图面上很好的旁注。

• 等高线、指北针、风向标、比例、图例、图名

以上是设计师在块体设计中表现的图示化设计语言，靠这些符号化的语言，设计师能和读者产生交流，因此，这一部分应该突出其应有的专门性（图 2-3-1）。

• 不同线型的标识

线条划定了空间的边界，表现了物体的体积，创造了纹理。为了达到易于辨认的目的，在平面图中的画线应用统一的宽度和浓淡，而且要画得清晰和厚重。

线条的宽窄在平面图中能够使图面的层次感非常清楚，在一张专业性很强的图面上，设计师要精心组织图面的线条类型（图 2-3-2、图 2-3-3）。

（2）图面层次

总平面图的图面层次要遵循建筑—道路—节点—环境这四个层次来进行。

• 平面空间形态的对应关系要体现

这是与设计思路有紧密联系的表达内容。传达出设计的构成感。一个好的设计方案很大程度上是通过平面图的环境组织、各空间的衔接与过渡、完

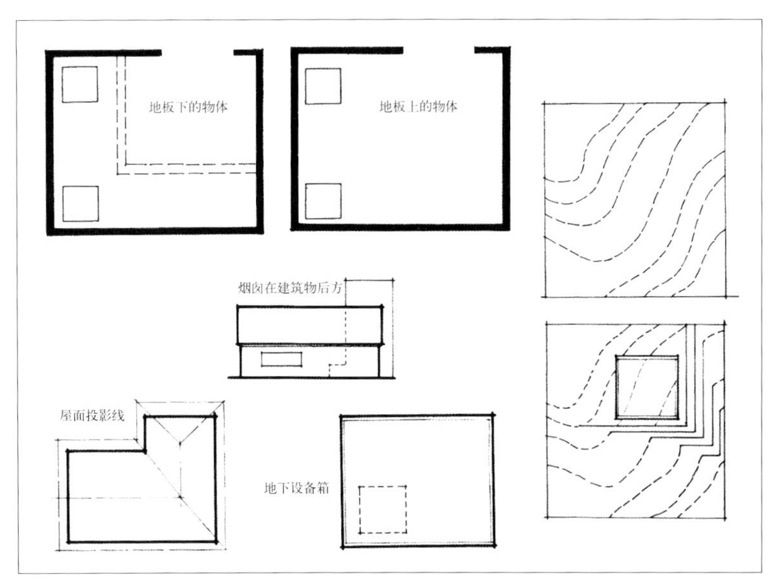

图 2-3-1　不同线型的应用

图 2-3-2　不同线型的标识

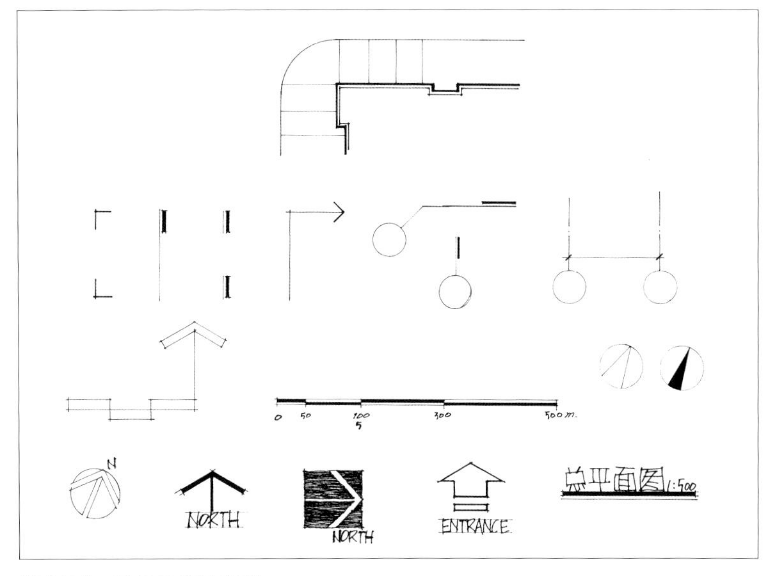

图 2-3-3　不同标识的应用

图 2-3-4　平面空间形态的对应关系

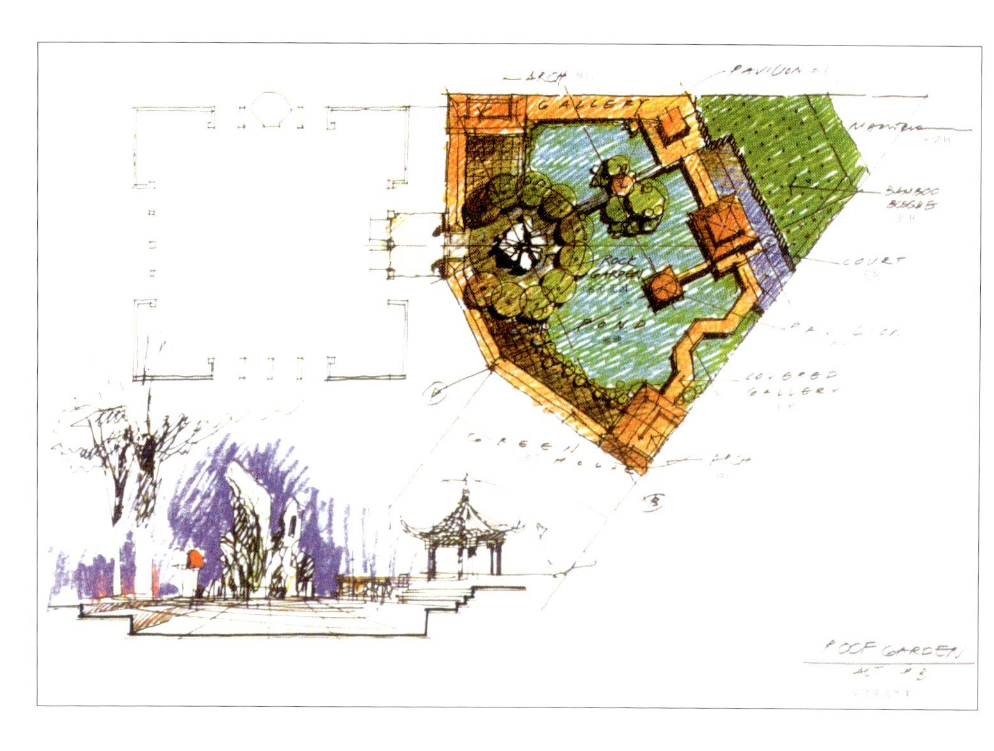

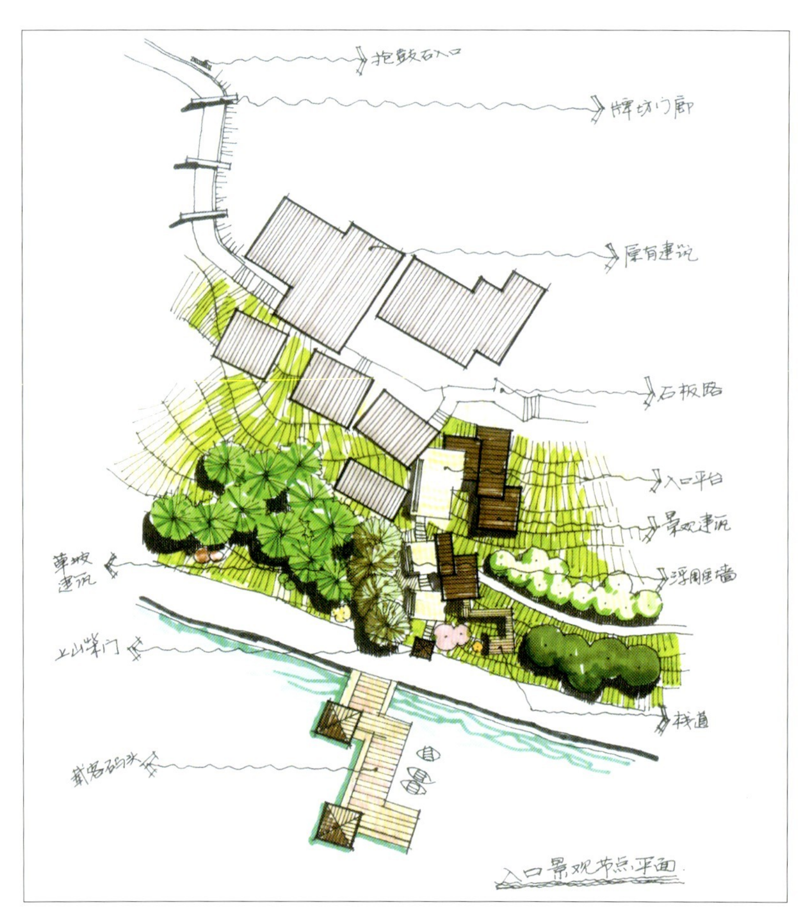

图 2-3-5　引出线的标注富有逻辑感

整空间序列的安排、围透关系的处理来体现的，也反映了道路、绿化等界面的处理（图 2–3–4）。

• 考虑视廊、风景构图体现出的景观空间关系，引出线的标注富有逻辑感（图 2–3–5）。

• 植被强化空间关系（图 2–3–6）

（3）肌理表现

• 地面材质强化空间性质

• 材质的模数感（图 2–3–7）

• 加强地面的肌理对比（图 2–3–8、图 2–3–9）

（4）色彩配置

• 色彩注意重点、强弱搭配（图 2–3–10）

• 色调（图 2–3–11）

• 色彩对比（图 2–3–12）

图 2-3-6　植被强化空间关系（抄绘易道公司作品）

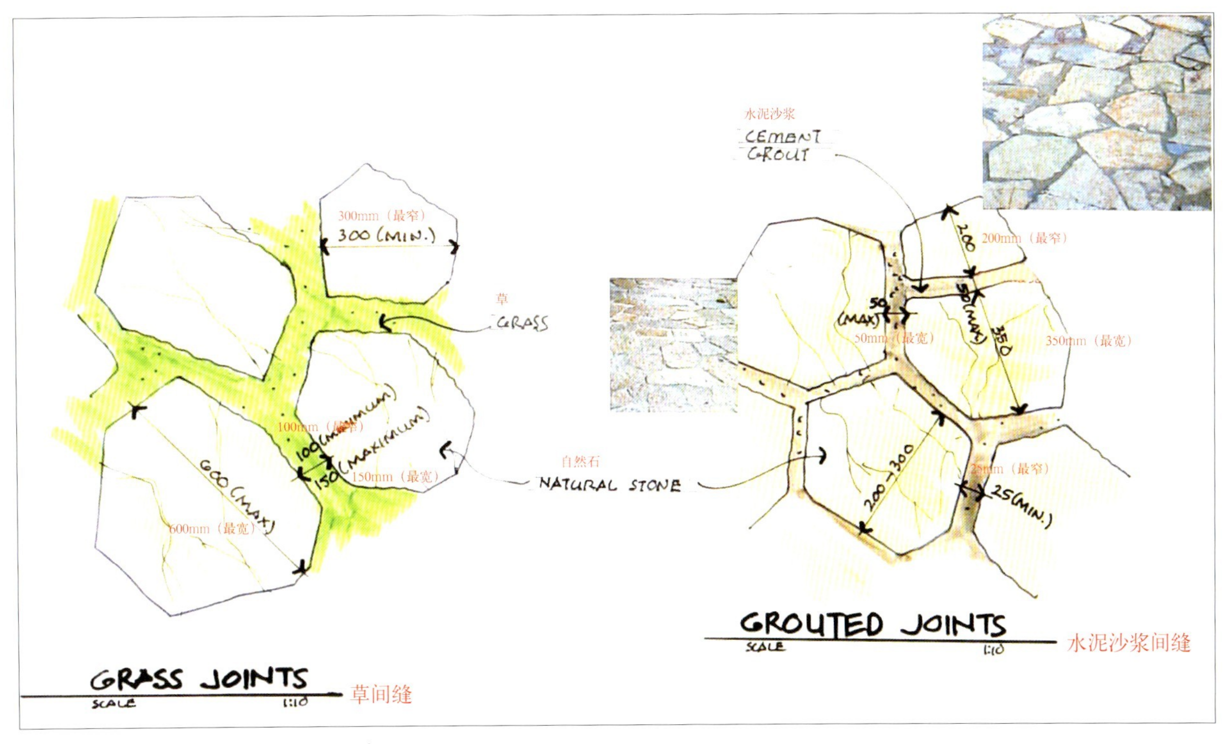

图 2-3-7　肌理表现（贝尔高林公司作品）

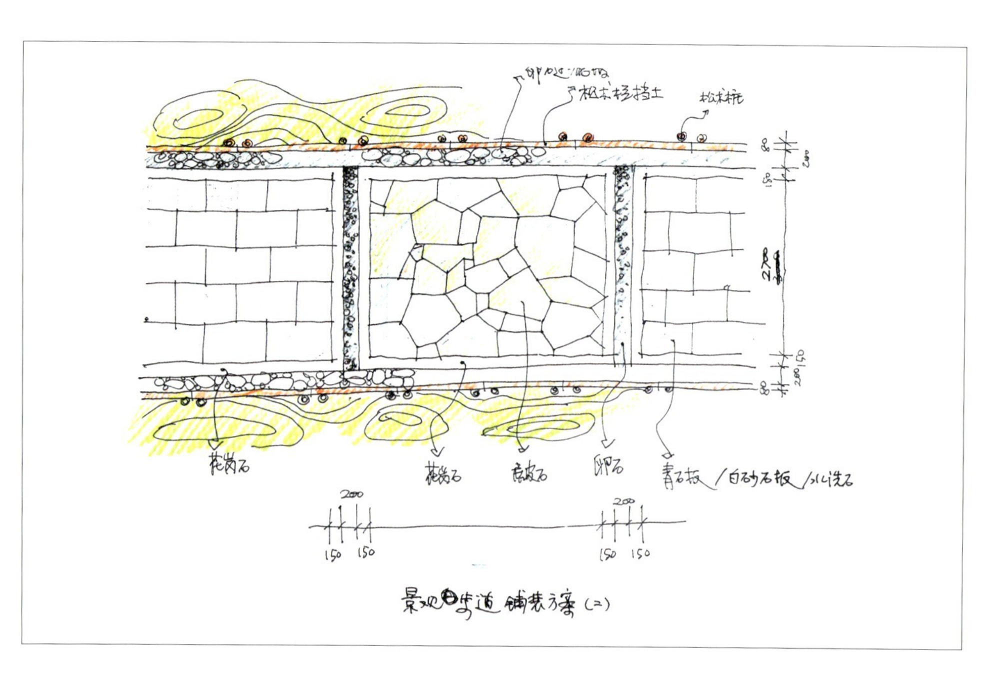

图 2-3-8　加强地面的肌理对比
（李昌涛　环境艺术设计研究生 05 级）

图 2-3-9　肌理对空间场所感的营造
（杨小牧　环境艺术设计 02 级）

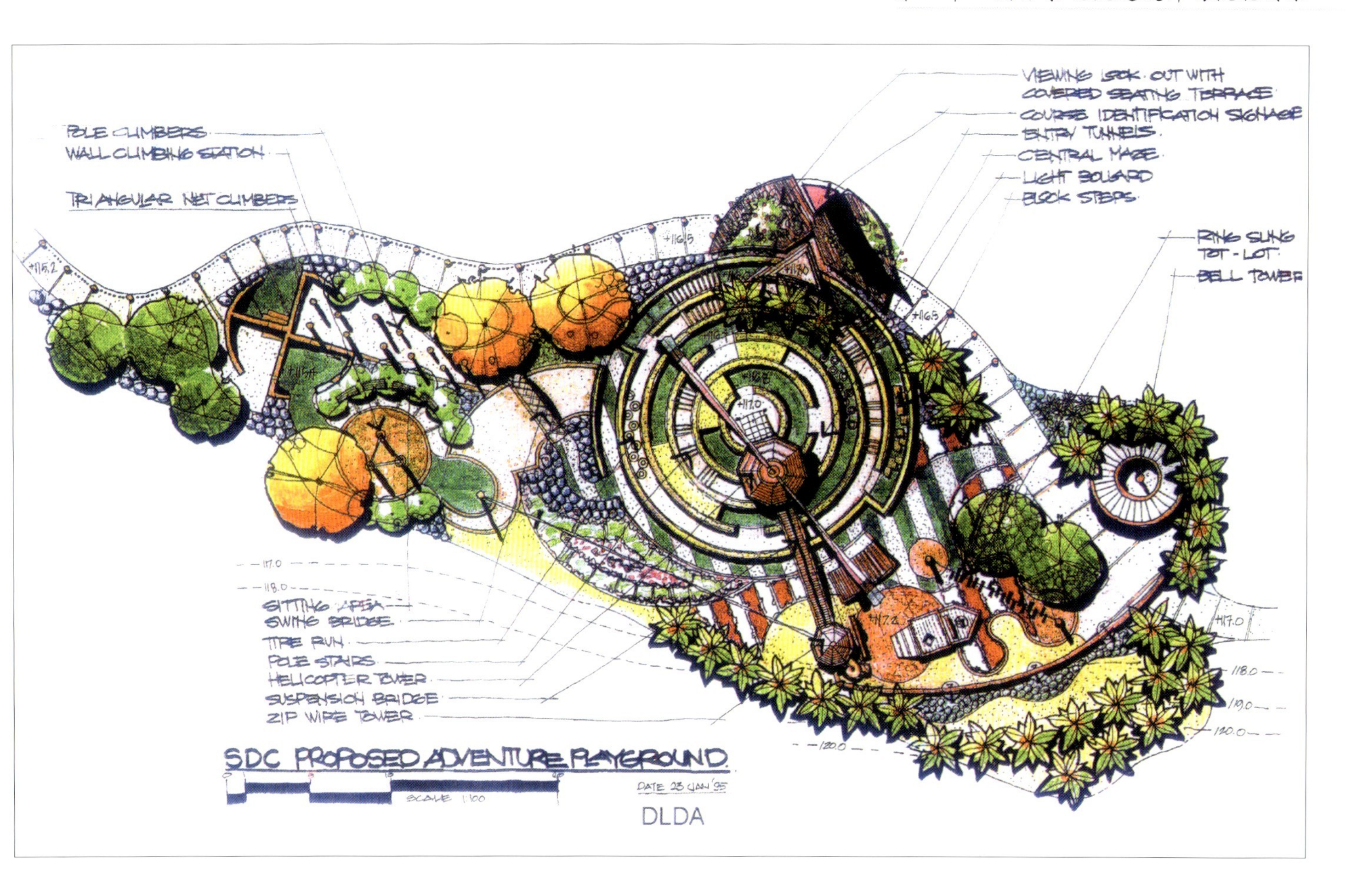

图 2-3-10　具有对色彩表现的鲜明意图来强化设计的场所（贝尔高林设计公司）

图 2-3-11　讲究色彩的统一和微妙的对比关系（易道公司设计作品）

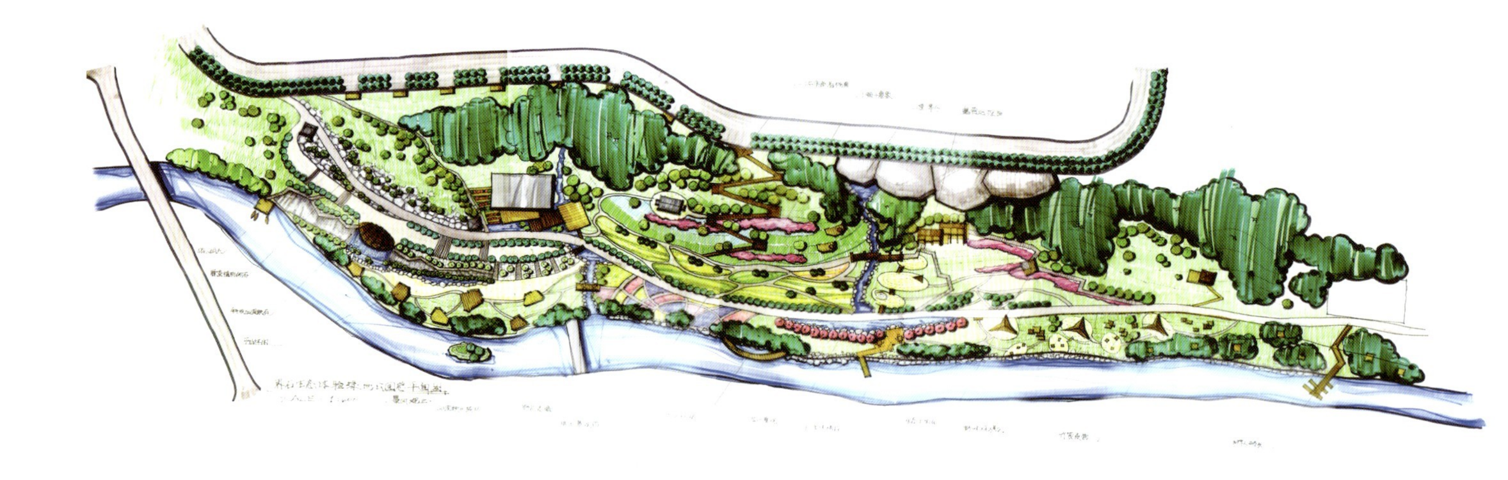

图 2-3-12　平面图体现着场地的设计特征

2.3.2　立面图与剖面图的表达要素

一个表现充分的立面图或剖面图可以极好地反映出空间序列的起伏变化和节奏感。图面的效果主要取决于以下几个方面（图 2-3-13、图 2-3-14）：

（1）符号图示

- 图号、比例、剖切号、图名、引出线
- 尺度空间标注
- 引出说明
- 不可见景观的构造（剖线、看线）
- 构筑物
- 线型丰富

图 2-3-13　剖面图的原理

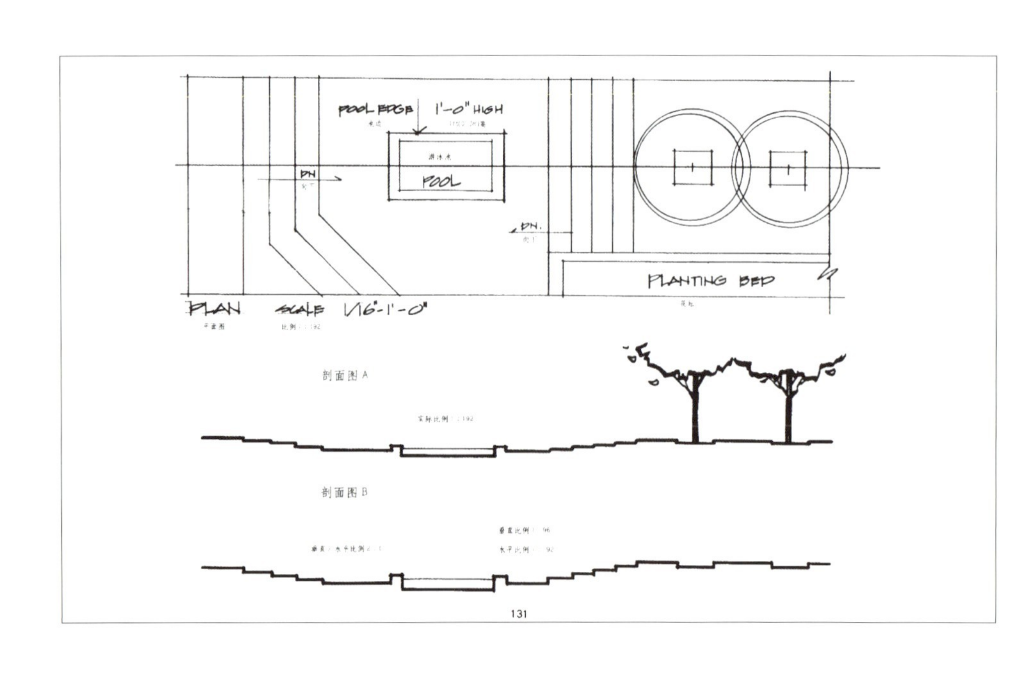

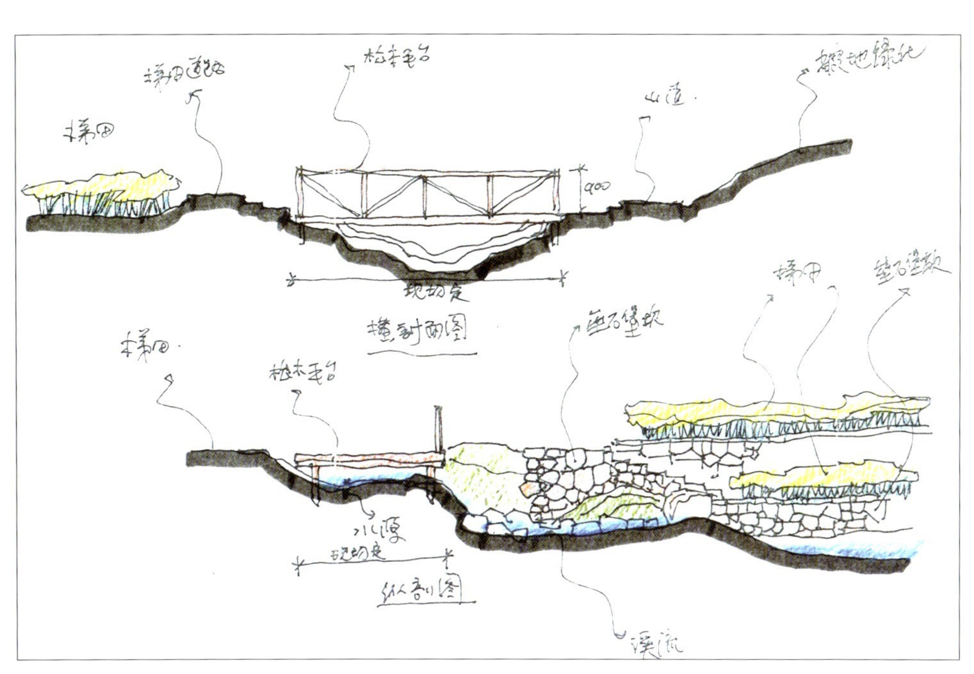

图 2-3-14　剖面图的元素
（李昌涛　环境艺术设计研究生 05 级）

图 2-3-15　构筑物的立面形态完整
（贝尔高林公司设计作品）

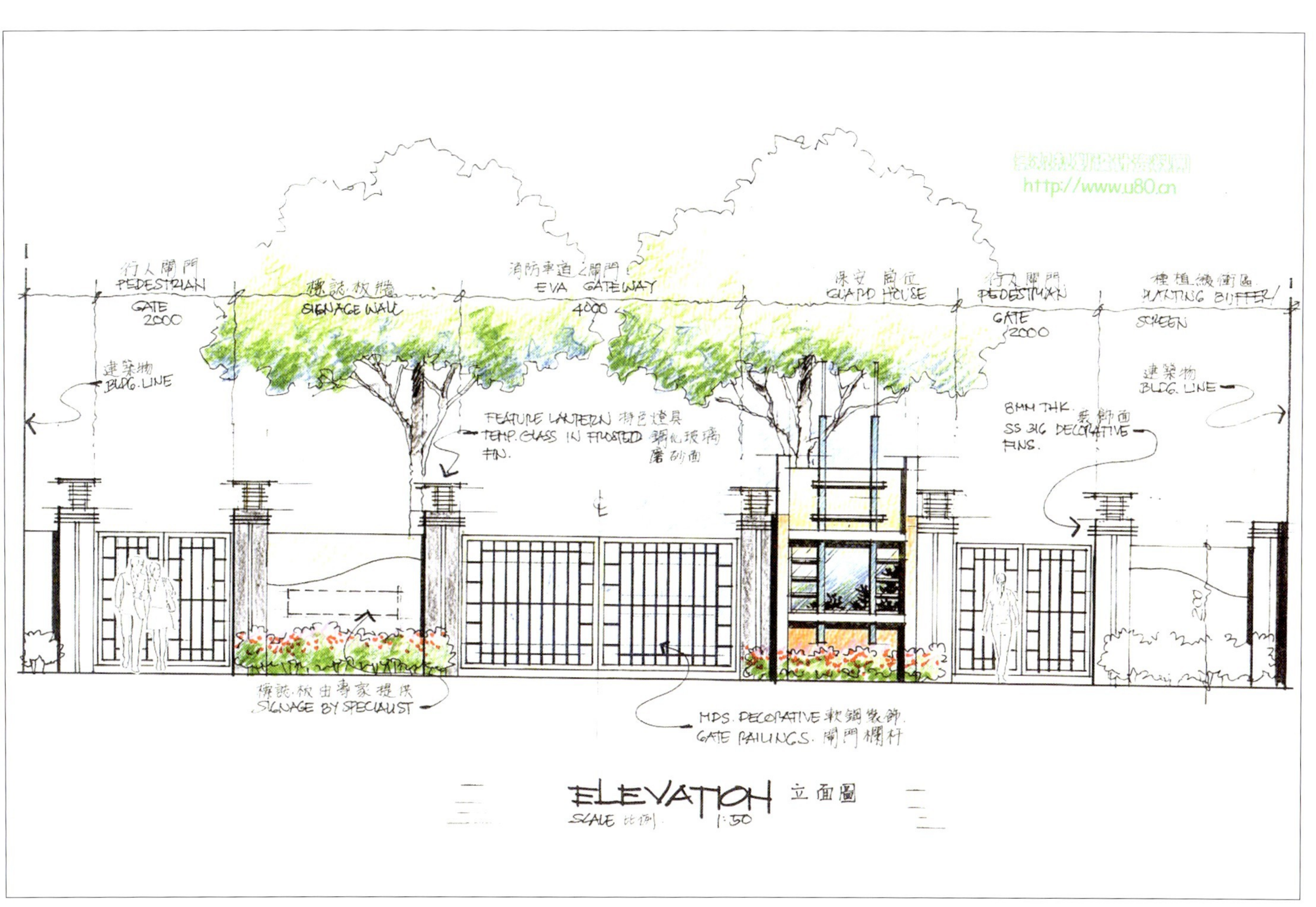

图 2-3-16　构筑物的立面形态完整，植被搭配有致（杨雪　环境艺术设计研究生 07 级）

图 2-3-17　可以适当表现空间进深

（2）立面形态

• 构筑物的立面形态完整（图 2-3-15）

• 主体、配景等空间形态丰富（简繁、虚实）（图 2-3-16）

• 考虑空间避让，表现空间进深（图 2-3-17）

• 植被搭配有致

（3）边界处理

• 边界处理丰富（图 2-3-18）

• 色彩搭配烘托空间气氛、季相

• 重点突出，可局部渲染

（4）配景元素

• 与平面图同时表达，说明场景关系（图 2-3-19、图 2-3-20）

• 场所行为（图 2-3-21~ 图 2-3-23）

图 2-3-18　边界处理丰富

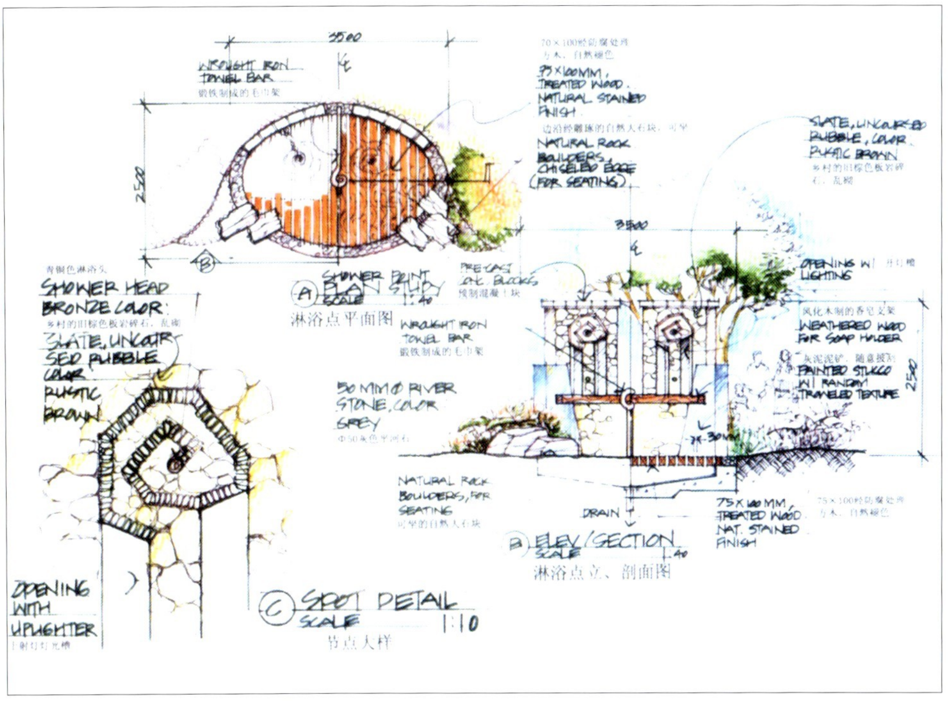

图 2-3-19　与平面图同时表达、说明场景关系（一）（奥雅公司设计作品）

图 2-3-20　与平面图同时表达，说明场景关系（二）（徐保佳作品）

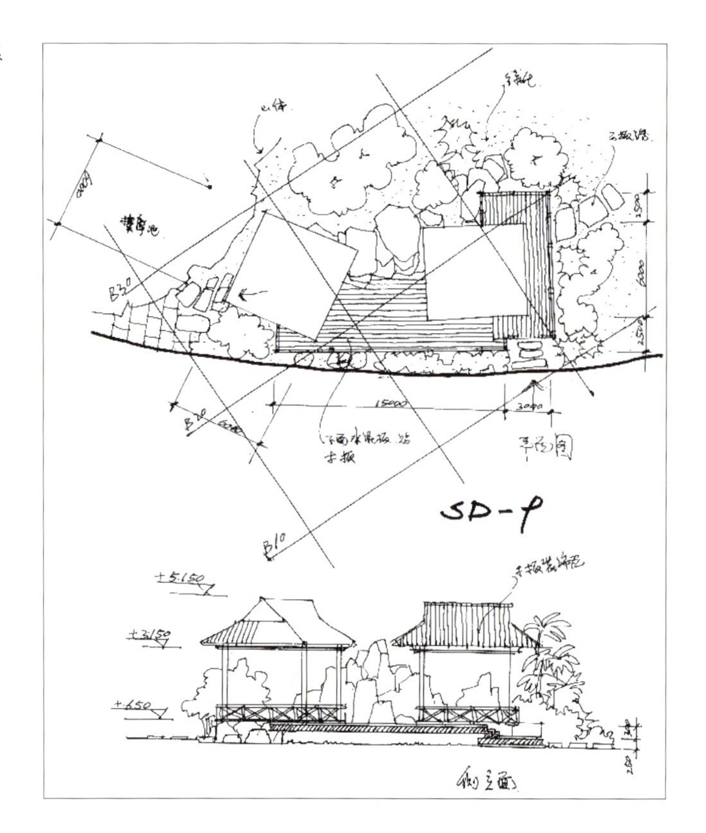

图 2-3-21　与场所行为、道具结合说明环境特征（一）

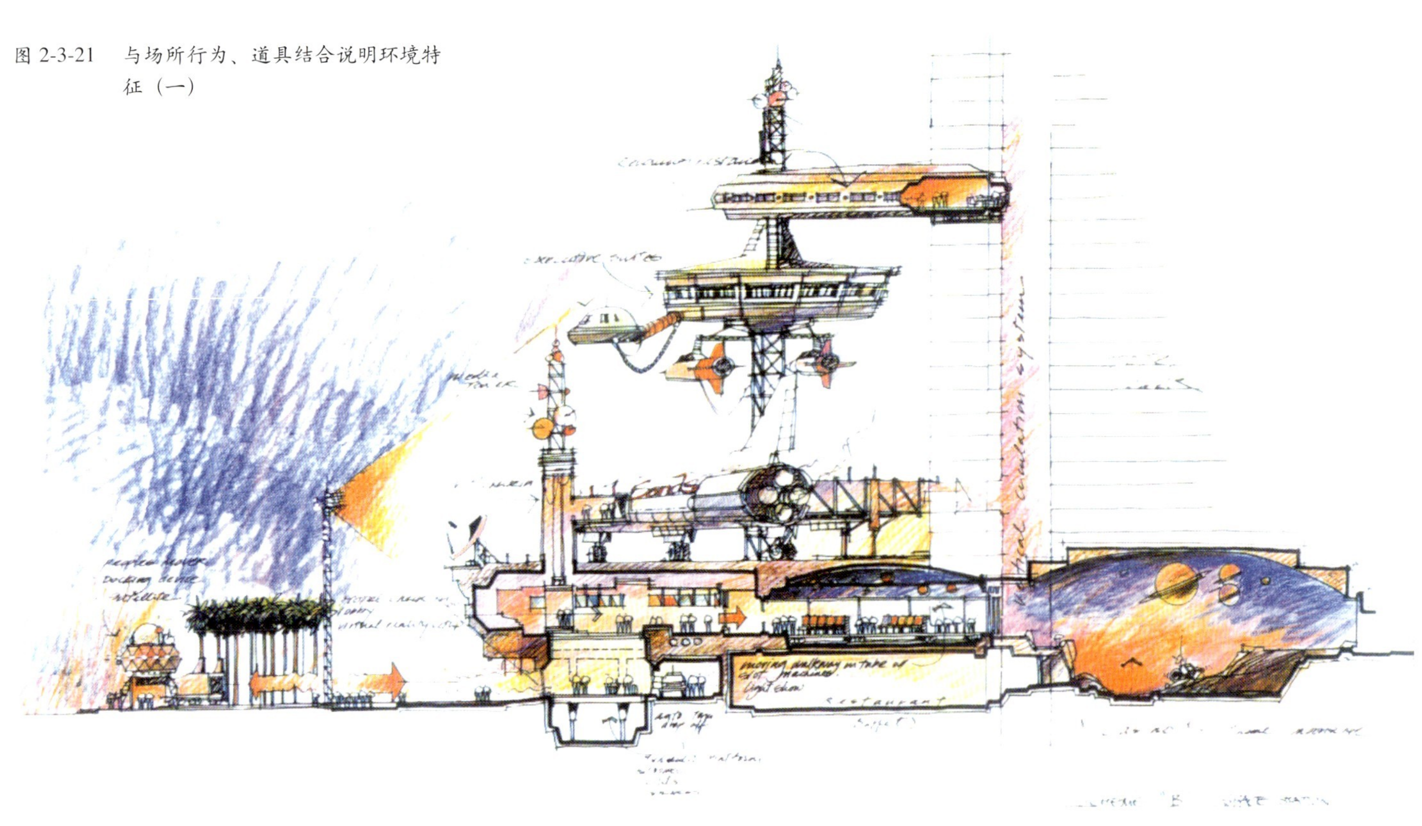

图 2-3-22　与场所行为、道具结合说明环境特征（二）

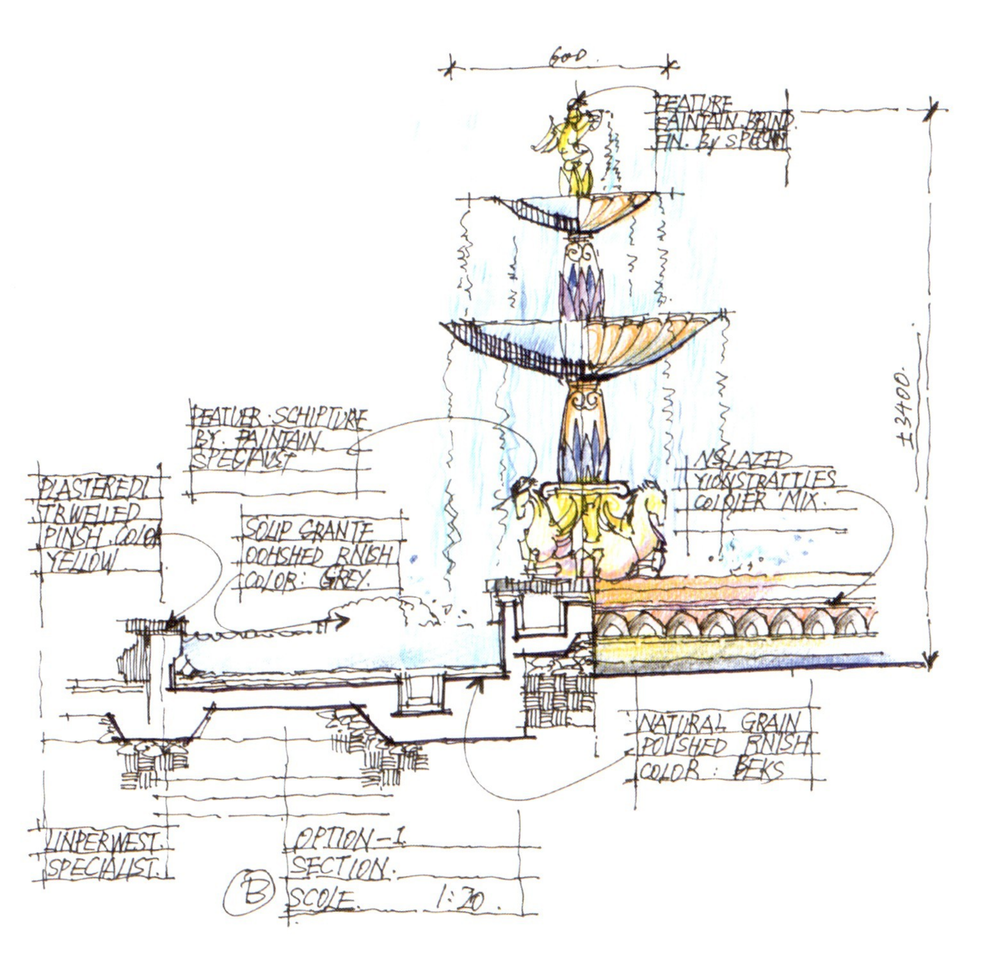

图 2-3-23　通过局部剖面的处理来反映立面的形态关系

图 2-3-24　利用透视加强空间层次

图 2-3-25　利用前、中、远景和色彩的递减加强空间层次

2.3.3　透视图的表达要素

（1）景深层次（图 2-3-24、图 2-3-25）

（2）主次有别（图 2-3-26）

（3）富有场所感（图 2-3-27）

（4）色彩的对比，产生视觉中心（图 2-3-28）

（5）个性化的表达手法（图 2-3-29）

图 2-3-26　同样的场景，虚实处理的方式不同，画面的场景效果也不同（杨鎏　环境艺术设计研究生 07 级）

图 2-3-27　利用人物的活动增强场所感（奥雅景观公司）

图 2-3-28　色彩的对比，产生视觉中心

图 2-3-29　个性化的表达手法
（陈星宇　环境艺术设计研究生 07 级）

图 2-3-30　平、立、剖、大样环环相扣，构图活跃，使本身简单的设计表现得非常丰富

2.3.4　图解的逻辑性、系统性和完整性

一张快题设计的完成图更多地是反映出其综合性的特点，将分析图（设计构成分析、文字分析）、总平面图、局部平面图、立面图、剖面图以及透视图有机地组合在一起。从下一案例组合排列的方式中可以看到设计师怎样系统地整理相关信息，体现其图面表达的逻辑性、系统性和完整性。

就图面的整体感受来讲，一张图面必然要有调子的处理。调子就是指图面的明暗处理要有层次和主次，使得画面显得明快（图 2-3-30~ 图 2-3-35）。

图 2-3-31　构图松紧得当，主次鲜明，特别是标注序号的方式使设计思维异常清晰（左）

图 2-3-32　以设计过程中多样化的视觉信息进行有逻辑地整理，讲究图面的整合性（右）

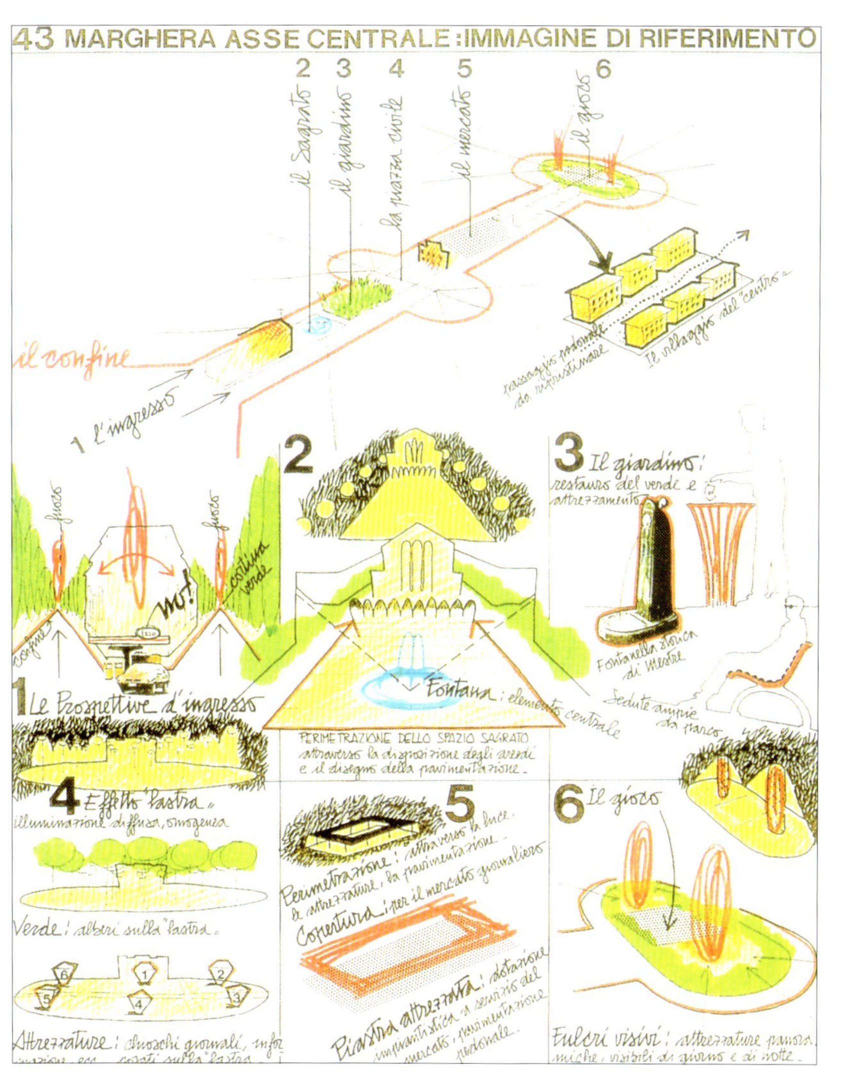

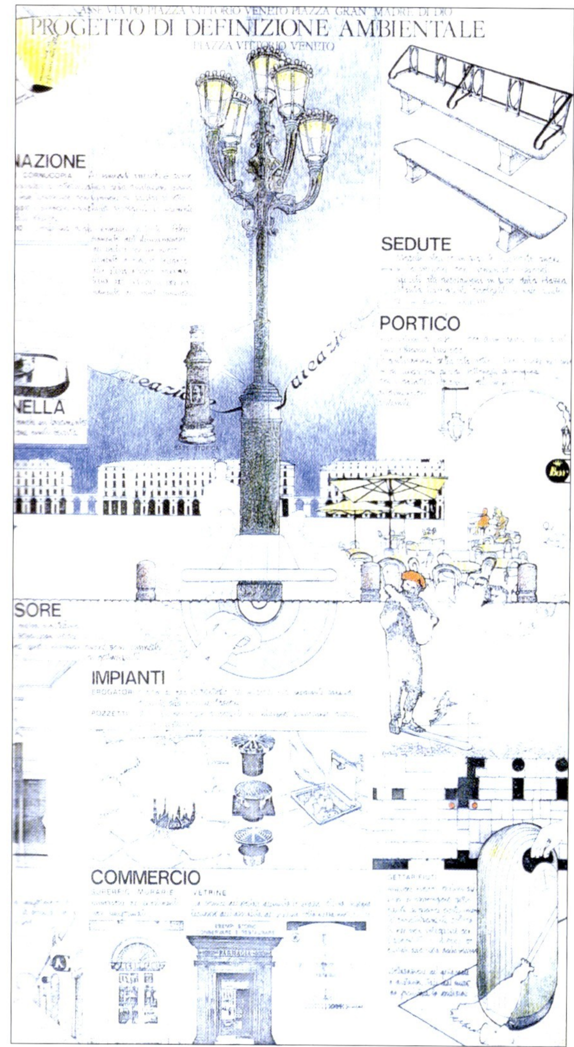

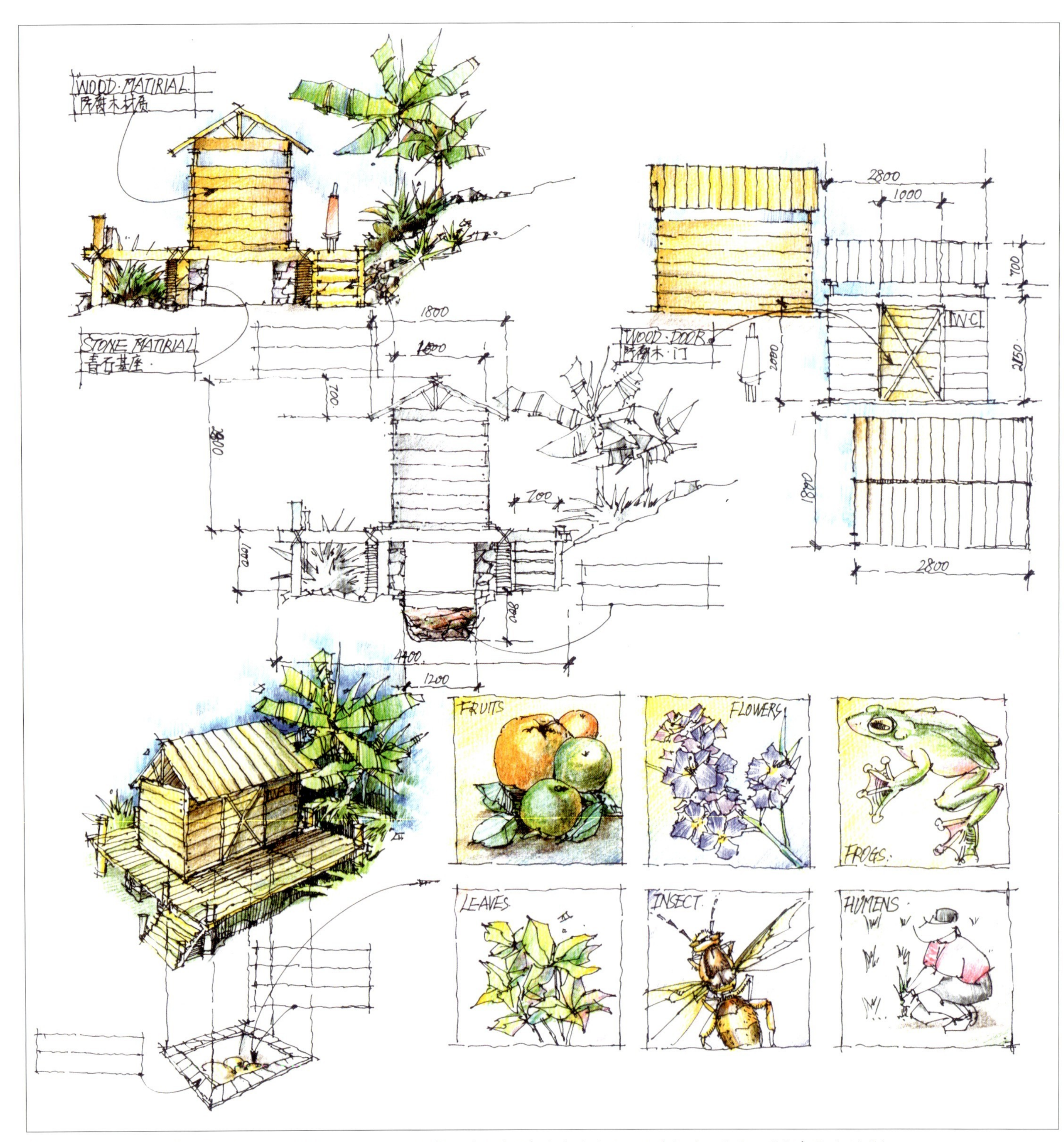

图 2-3-33　在表达设计成果的同时，附带表现相关的知识链接，使设计思想充分地展现，同时也增加了图面的信息量（刁小峰）

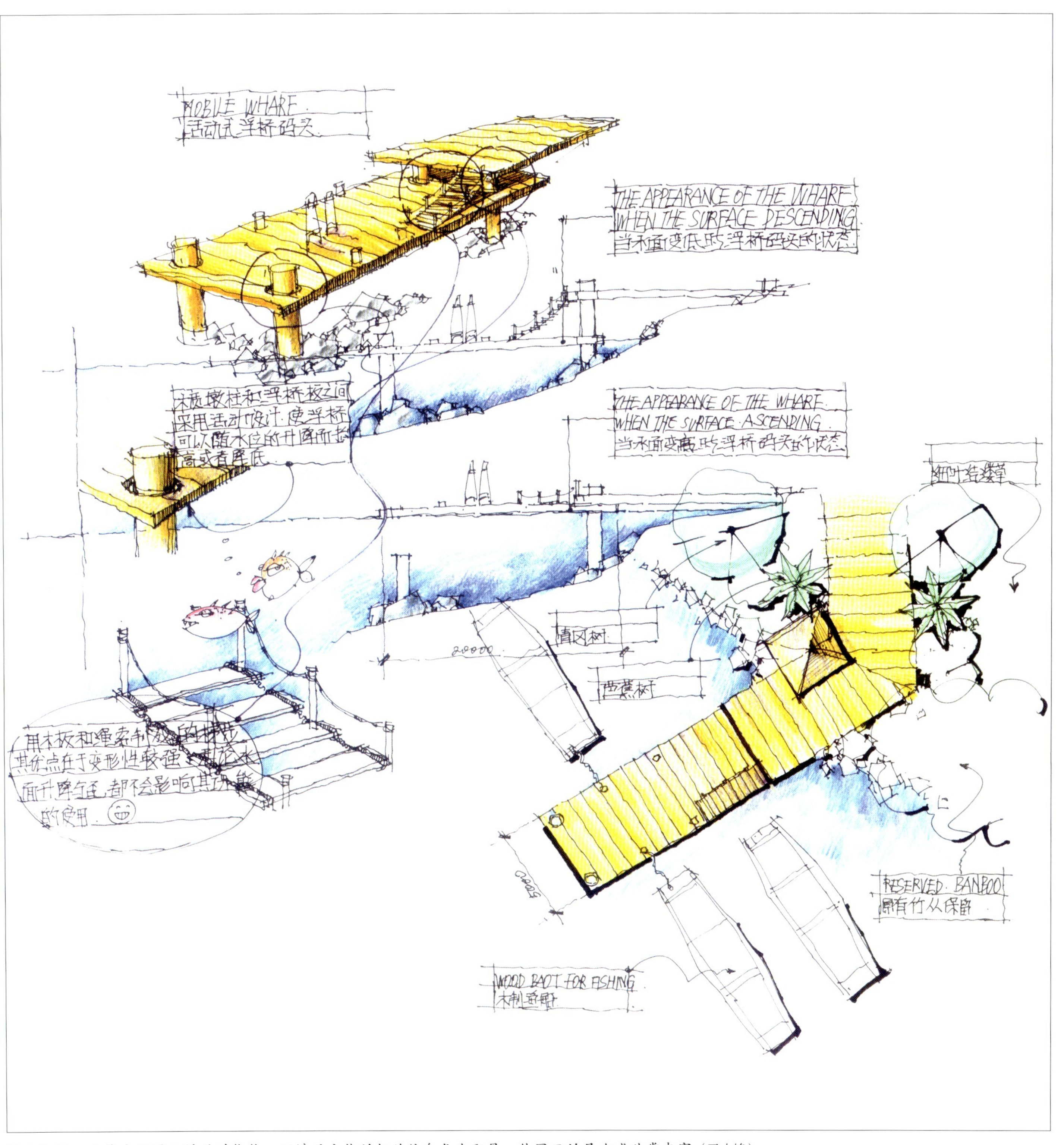

图 2-3-34　主体占据图面的绝对优势，环境及主体的相关信息成为配景，使图面的层次感非常丰富（刁小峰）

图 2-3-35　以一条设计主线（景观游览路线）贯穿整个画面，使画面的视线层次非常明确，同时箭头运用又起到很好的引导作用

2.4　创意技能

2.4.1　设计之眼

（1）快题设计的特征是作者的灵感闪现，在短期内表现出设计者突出的解决问题的能力，是快题设计考察的重点。设计中常用的方法是抓住事物的特征，围绕问题矛盾的焦点来组织设计形式。好比人的“眼睛”一样，使整个设计的相关内容活起来。

（2）设计的特征、问题核心、意义的赋予都是我们常使用的方法。

• 案例 1：景观标识小品设计

设计之眼：测量仪（图 2-4-1）。

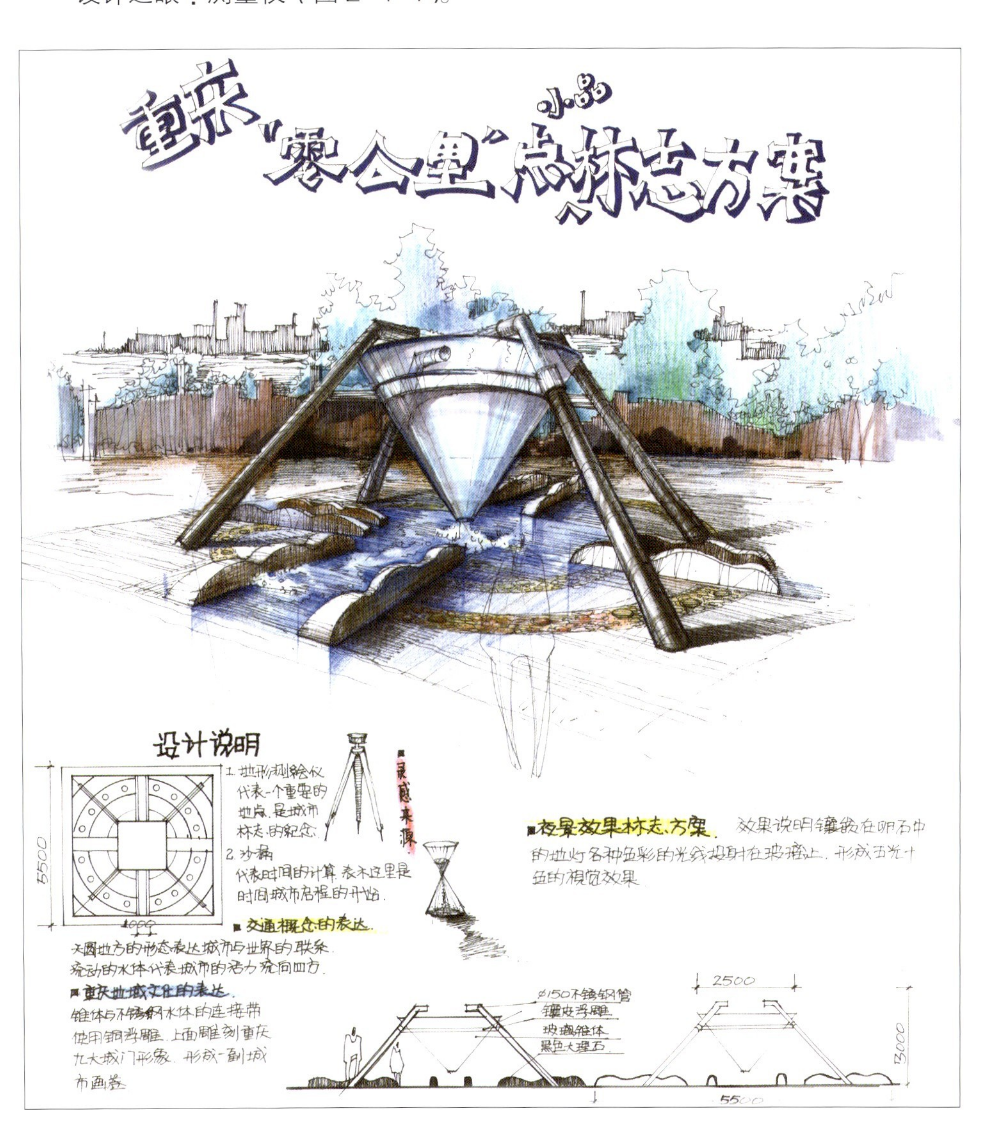

图 2-4-1　从测量仪获得灵感，象征城市的建设新未来（韦爽真、杨雪）

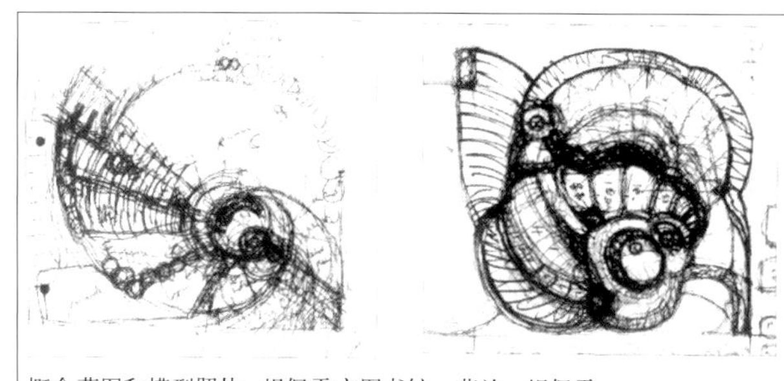

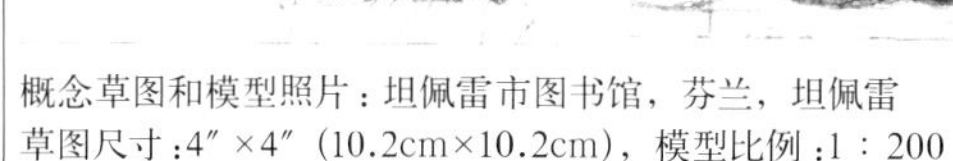

概念草图和模型照片：坦佩雷市图书馆，芬兰，坦佩雷
草图尺寸：4″×4″（10.2cm×10.2cm），模型比例：1：200

图 2-4-2　用仿生学原理，对设计对象进行形式的提炼，给人想像的空间

案例 2：建筑设计

设计之眼：蜗牛意象（图 2-4-2）。

2.4.2　设计取向

• 案例 3：功能取向

建筑使用功能；

内外空间交流；

朝向的变化（图 2-4-3）。

• 案例 4：文化取向

民居建筑场地修复（图 2-4-4）。

• 案例 5：发现当地文化行为（图 2-4-5）。

• 案例 6：生态取向

护地处理（图 2-4-6）。

• 案例 7：湿地保护（图 2-4-7）。

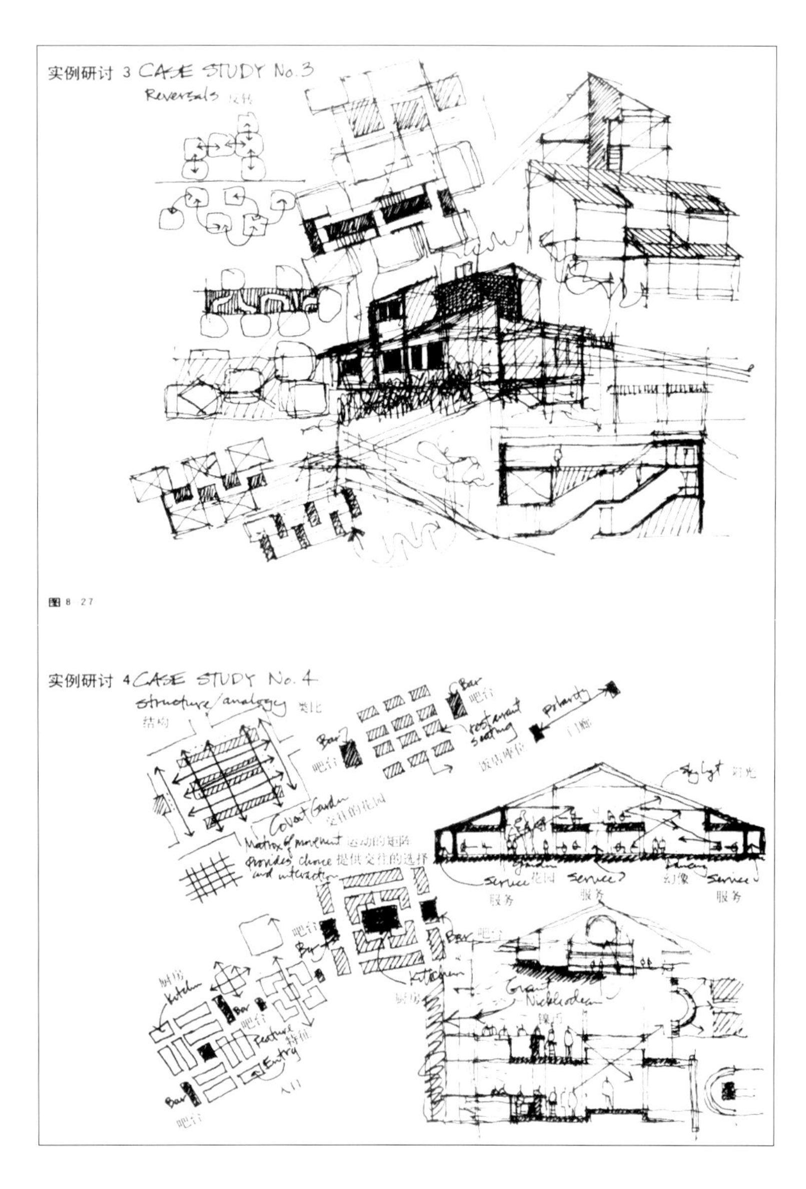

图 2-4-3　设计中反复强调设计的使用空间、交通、朝向等，诸般设计内容完全以功能的需要展开

图 2-4-4　民居建筑语言的保留和提取显示出设计者的文化态度（韦爽真、李晶涛）

图 2-4-5　以聚落化的行为特点展开的设计取向（韦爽真、李晶涛）

图 2-4-6　尊重地形、土壤，维护场地的生长性，成为设计主要的特征

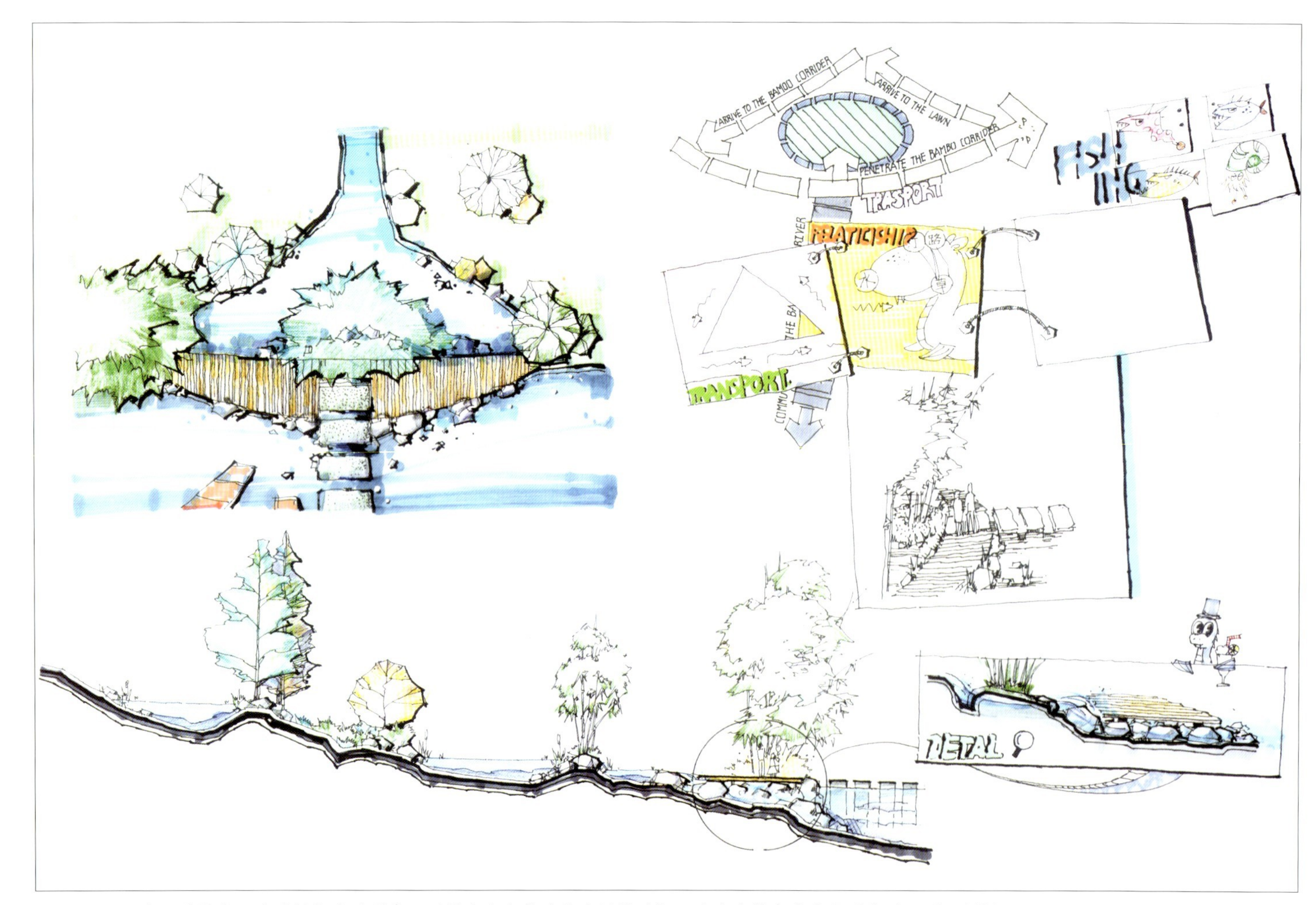

图 2-4-7　临水设施最大程度地保护水流形态，以竹丛和水生动物为设计动机，反映出作者生态化的价值观（刁小峰）

第3章

园林景观快题设计的训练案例

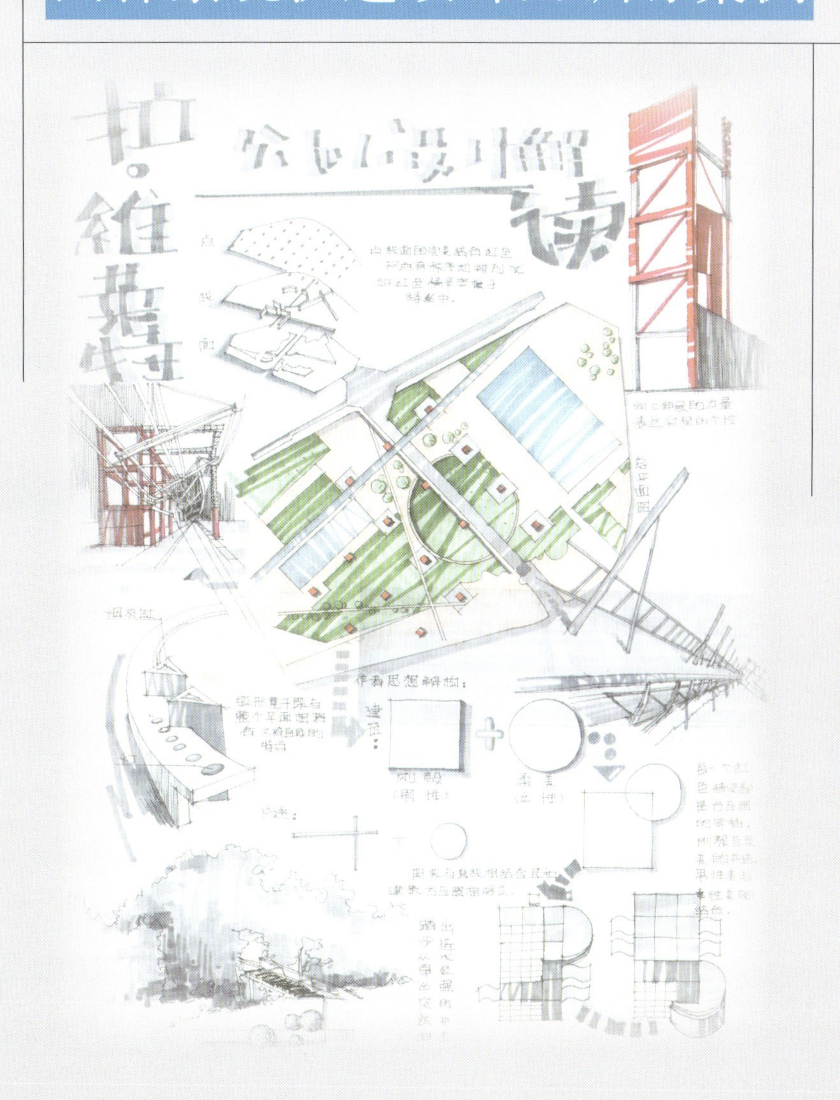

第 3 章　园林景观快题设计的训练案例

3.1　大师经典作品解读训练

快题设计的进行是从分析到设计的程序进行的，需要作者在整个过程中表现出准确、精密的逻辑思维，这种思维是一种动态的分析、判断、决策的过程。为了使我们的设计结果不是停留在一般性的结论上，而是包含充分的证据，景观设计师必须做好充分的素材准备。这种素材准备就来自于平时对案例的解读和积累（图 3-1-1）。

图 3-1-1　柯里亚作品解读
（杨鎏　环境艺术设计研究生 07 级）

因此，在平时多对大师经典作品进行解读，对于我们扩宽思维方法、练习绘画表达能力、积累空间构图都是很有帮助的。以下就是我们常做的图解类型。

3.1.1　景观建筑类设计作品

景观建筑是在一个景观设计作品中不可缺少的构成要素，同时，景观建筑由于自身与环境密切的沟通性往往具有独特的魅力。我们选择从景观建筑的解析入手，有如下意义：

可以学习优秀案例中设计师对地形空间的把握与分析；

可以学习建筑本身丰富的空间形态与材料应用；

可以学习建筑师的建筑语言怎样运用在具体的设计中；

可以学习建筑师的设计观、生态观以及表现出来的设计手法（图 3-1-2）。

图 3-1-2　赖特建筑作品解读
（覃丽婷　建筑设计 06 级）

3.1.2 小尺度场地设计

小尺度的场地设计集中的体现出设计师对环境的态度、对人居形态思考等，其中，包含着一定的规划思想和规划手法，特别是对地形的处理、交通路线的形成，多加练习对我们形成尺度感、领域感都是大有裨益的，不仅如此，从中还可以学习实际的考虑场地需要的设计态度（图 3-1-3、图 3-1-4）。

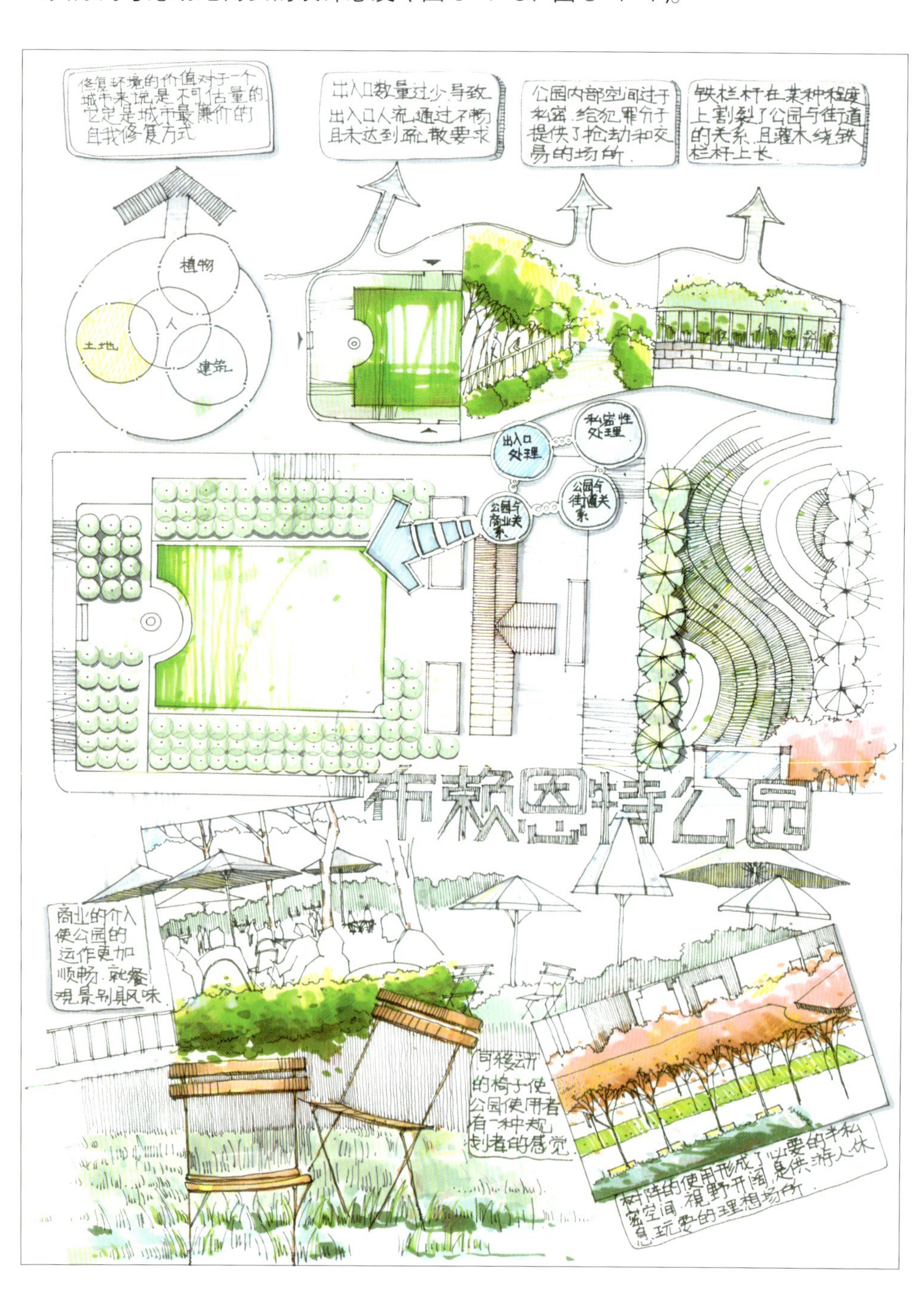

图 3-1-3　布莱恩特公园景观设计
（杨鎏　环境艺术研究生 07 级）

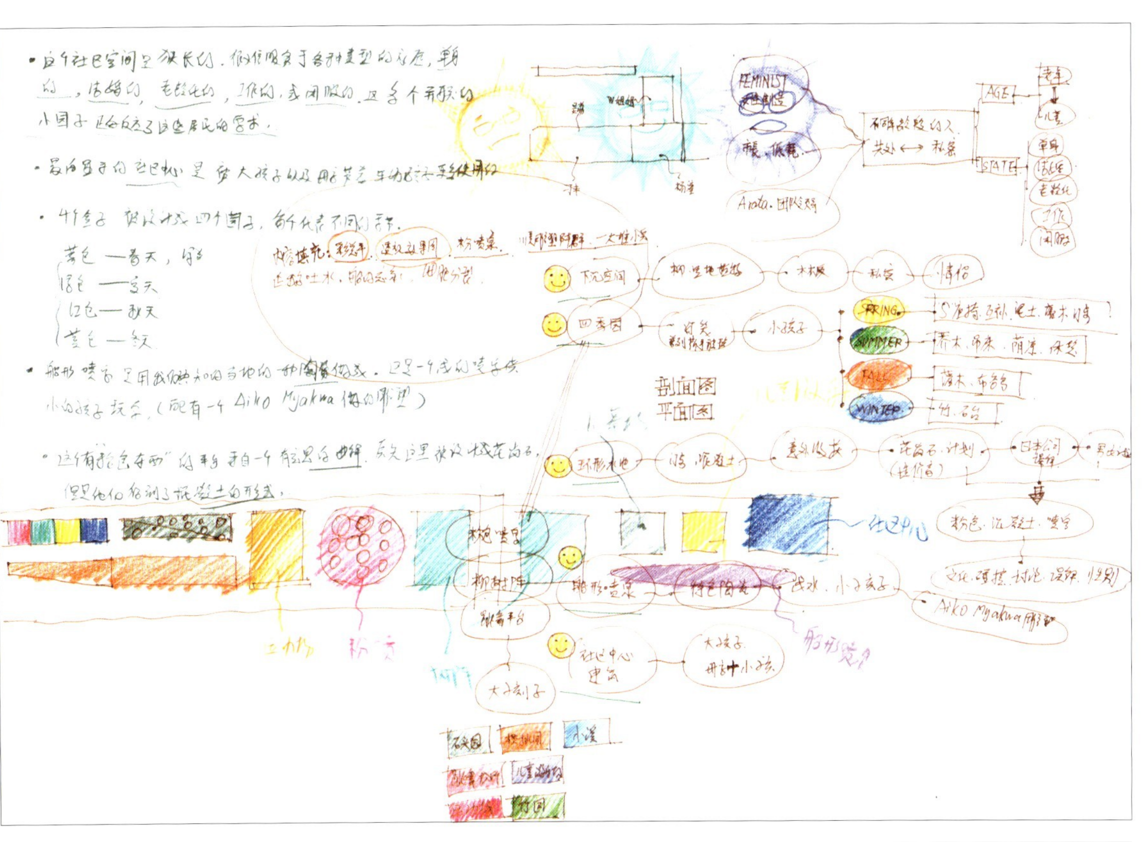

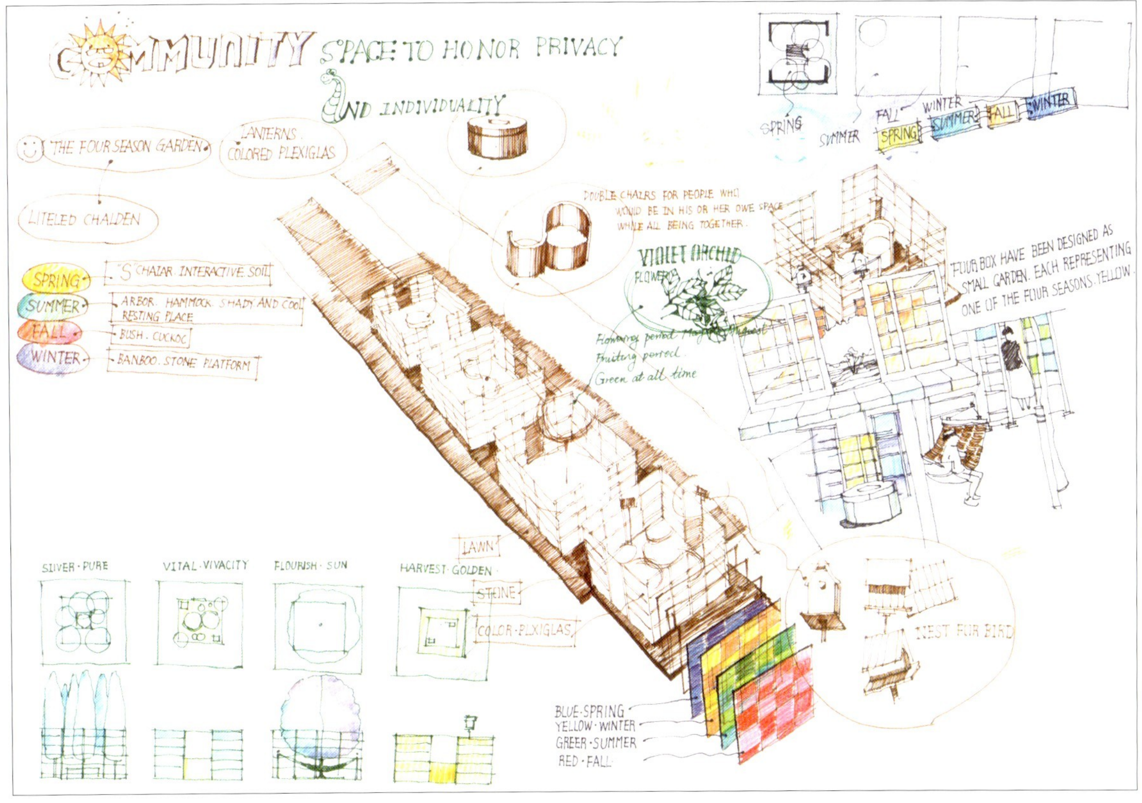

图 3-1-4　SWA 设计作品解读（刁小峰　环境艺术设计研究生 07 级）

3.1.3 大尺度规划设计

大尺度的景观规划对于设计师表达对城市的态度、观念都是很综合性的挑战，对这类作品的解读，让我们更多地近距离学习其中不同空间节点的处理手段、大师对生活的态度等，扩大我们的眼界和思路（图 3-1-5）。

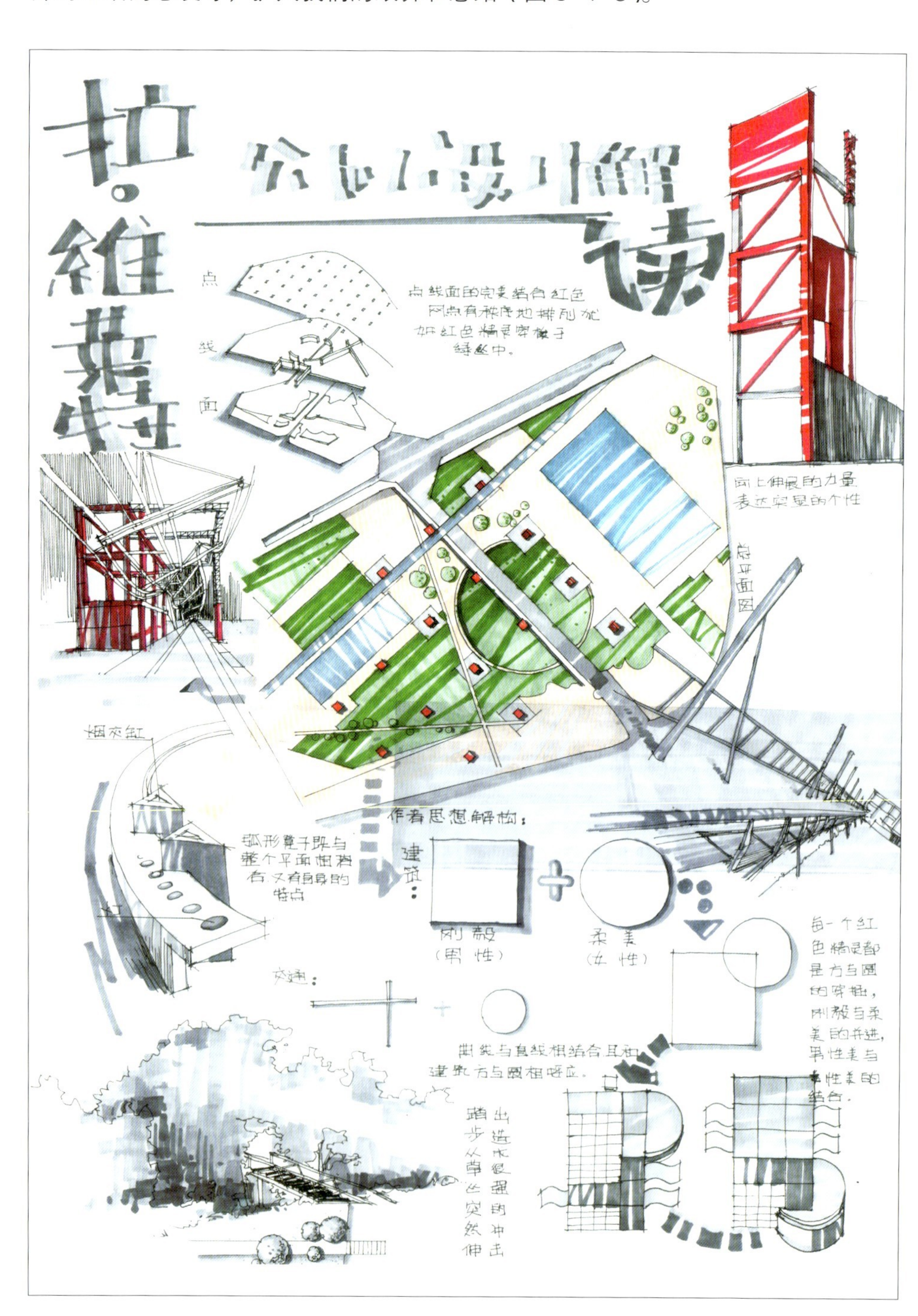

图 3-1-5　大尺度的景观规划解读
（覃丽婷　建筑设计 06 级）

3.1.4　现场场地解读

除了向书本中的大师学习，到现场中去体会空间与尺度关系，再体现到图面中，也是很重要的积累素材的方法（图 3-1-6~ 图 3-1-8）。

图 3-1-6　建筑场地解读（覃丽婷　建筑设计 06 级）

图 3-1-7　环境解读（张昀　环境艺术设计 05 级）

图 3-1-8　民居建筑环境解读

（姚平　环境艺术设计 05 级）

3.2　城市开放空间形态训练

对大师经典作品的解读训练帮助我们积累了一定的设计表达的经验。接下来，从小尺度的空间形态开始进行训练是很有必要的。而其中，由于城市环境的多样性，可综合地反映诸多景观设计中所涉及的问题，并且大家比较熟悉，因此，从它入手进行独立的设计创作是比较好把握的。

3.2.1　小品设施

虽然只是小品单体，但由于其与人的接触的亲密性，它包含着诸多关于功能、尺度等设计的基本问题，也反映着“设计为谁”的设计本质，集中地反映出设计师的设计观，因此，它所反映的内容是非常丰富的（图 3-2-1）。

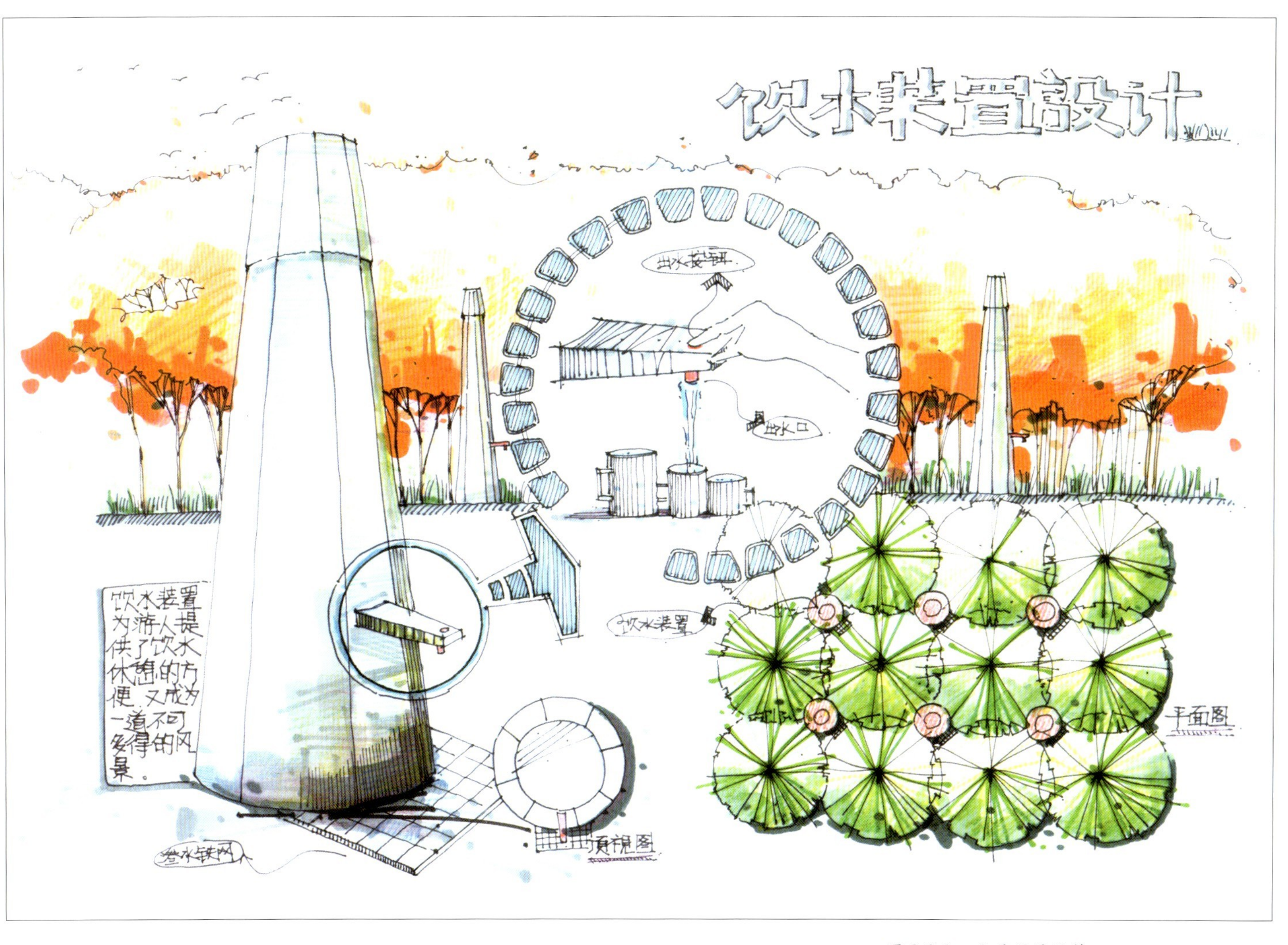

图 3-2-1　小品设施设计
（杨鎏　环境艺术研究生 07 级）

（1）城市开放空间中的小品设施主要有如下分类：

边界（扶手、围栏等）；

休憩（座椅）；

照明（灯柱、灯箱等）；

讯息（路标、报栏等）；

公共服务（车站、游乐设施等）；

商业（报亭、花亭、货亭）；

清洁（垃圾箱等）；

花园与水（花池、树底格栅、饮水设施等）。

（2）在快题设计中，我们对小品设施要作如下考虑和表达：

小品的场地信息：环境的周边情况，包括原有场景建筑面貌、道路的情况、人群的分布等；

小品的功能指向：小品的主要功能，包括其现实的使用目的以及美化功能、精神功能等；

小品的社会角色：小品所包含的社会象征意义，是体现时尚还是强调传统；

小品的形态特征：色彩、质地、尺度（特别是与人相关的行为尺度）等。

3.2.2 无障碍设施

无障碍设施在城市开放空间中成为城市文明的象征，它主要是为残障人士提供方便的辅助设施。由于无障碍设施的人性化特征体现了设计对人本质需求的满足，因而成为设计师在城市开放空间中必须考虑的方面（图3-2-2、图3-2-3）。

图 3-2-2 无障碍设施（一）
（王虹 环境艺术设计04级）

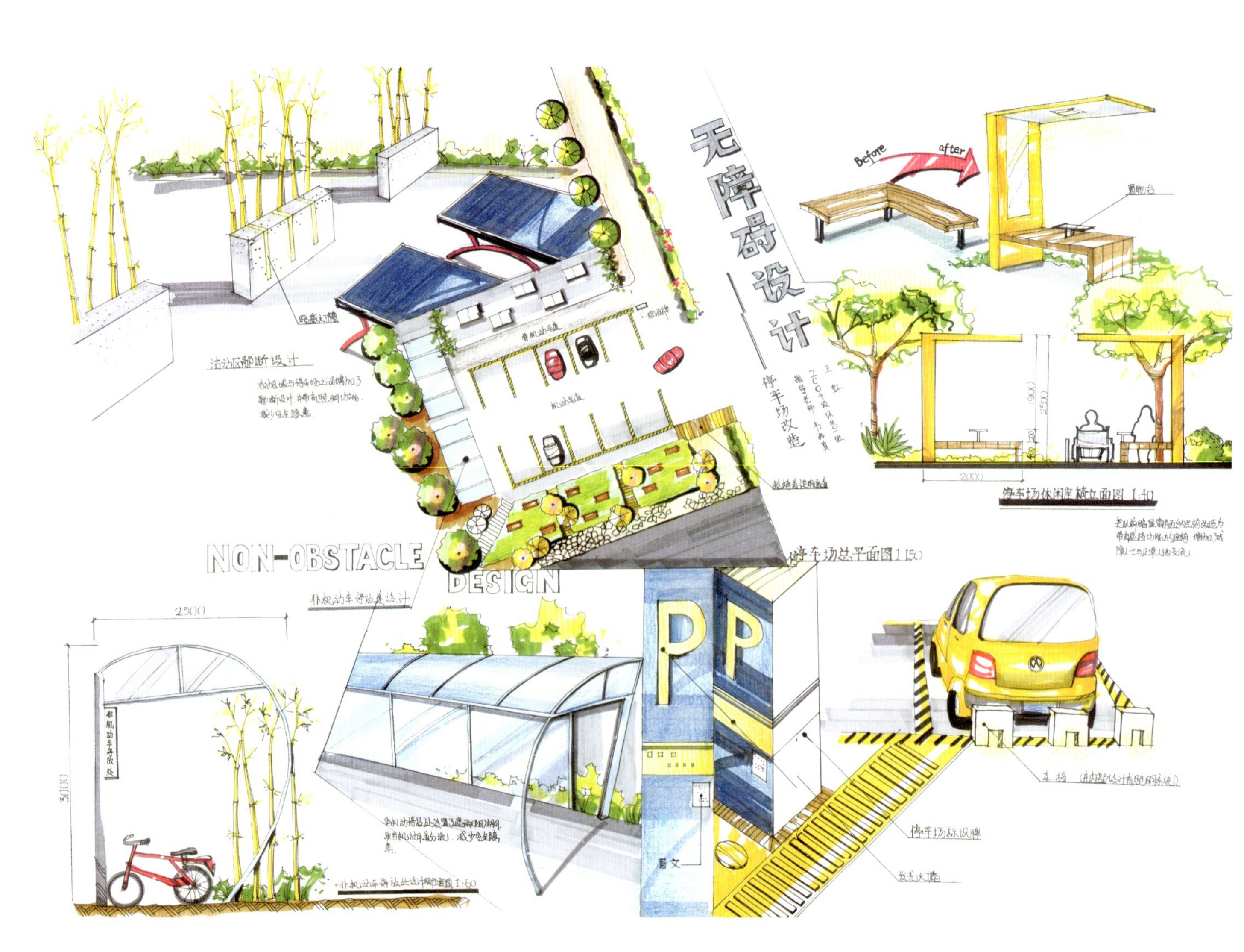

（1）无障碍设计有很多类型，主要分以下三个方面：

道路通行设施，如盲道、坡道等；

信息传达设施，如卫生间标识、轮椅使用者专用通道等；

休息设施，如座椅等。

（2）在快题设计中，我们对无障碍设施要作如下考虑和表达：

尺度的重要性：出现无障碍设计的相关尺度，特别是轮椅使用者的尺度表达，因为这些尺度恰恰反映出设计师对无障碍人群的使用特点的特别关心；

行为的特殊性：无障碍人群包括轮椅使用者和视、听力丧失者以及儿童、孕妇等弱势群体，他们的行为与正常人是不相同的，因此，在快题的图面中适当地作出行为的分析是很有必要的；

图 3-2-3　无障碍设施（二）
（李倜　环境艺术设计 04 级）

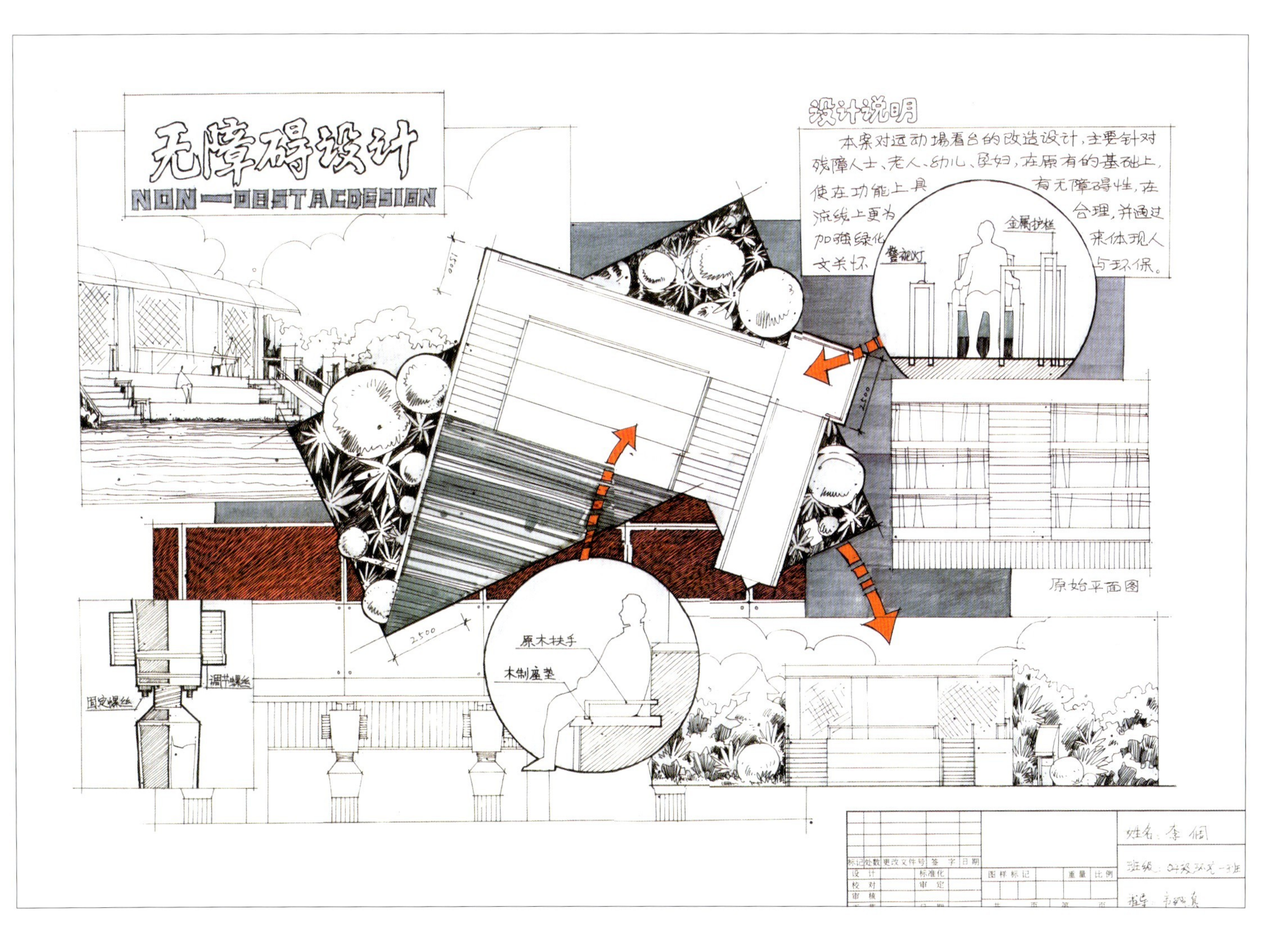

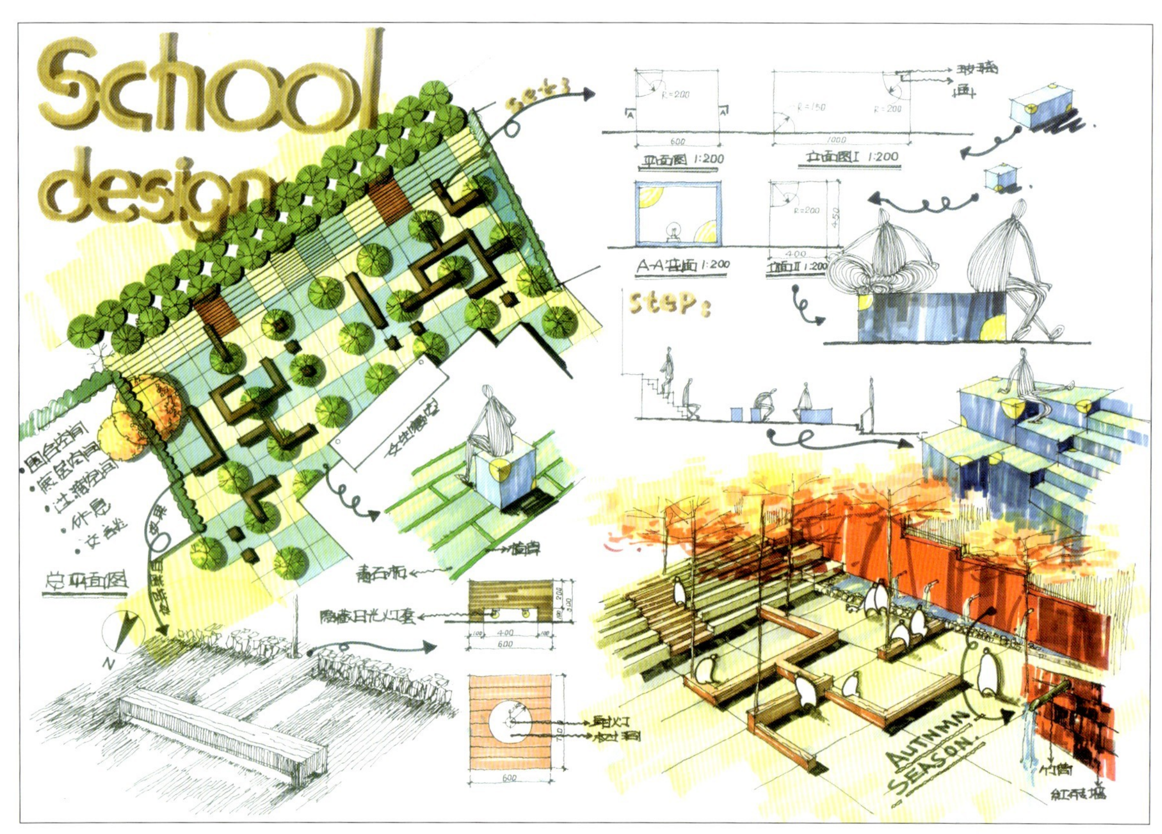

图 3-2-4 休闲广场设计（曾春兰 环境艺术 01 级）

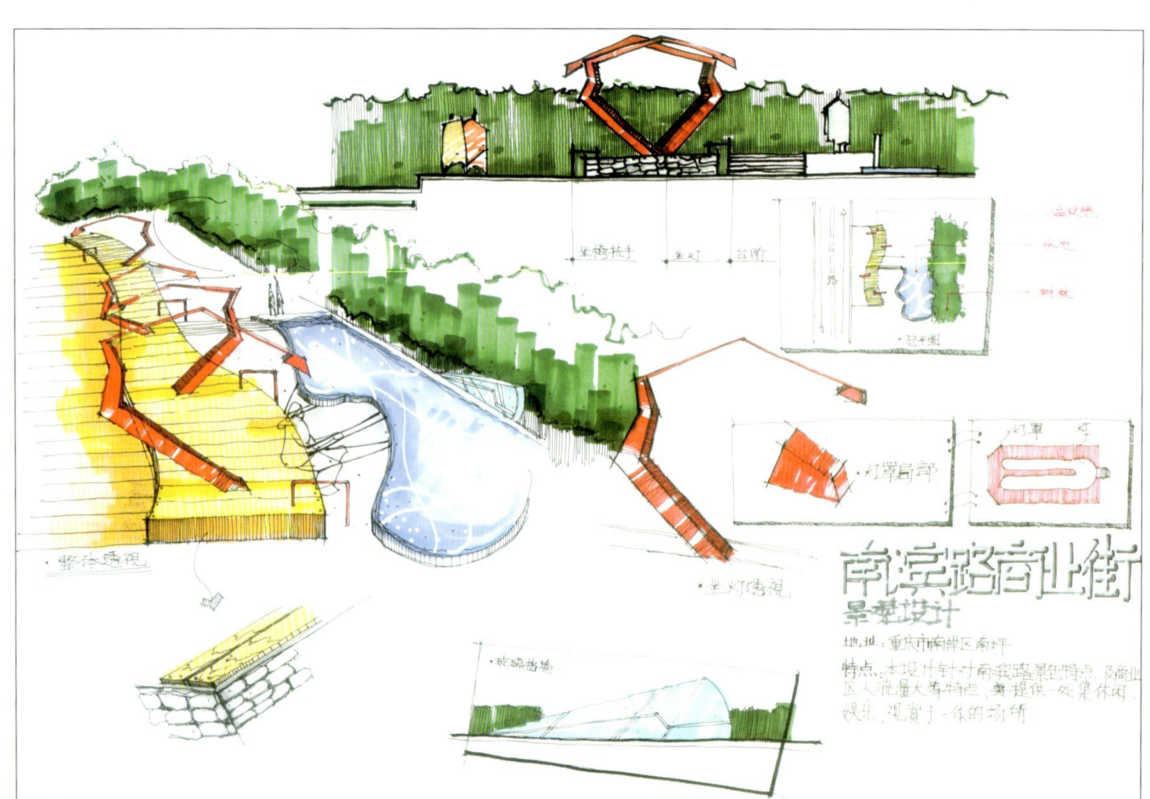

图 3-2-5 街道空间设计（高金伟 环境艺术设计 06 级）

信息的综合性：无障碍设计是与环境密切相关的设计类型，因此，在图面中要综合地体现出场地周边的情况以及功能等相关信息，设计者要将这些信息作有效的综合与编排。

3.2.3　城市广场

城市广场作为聚集人气的地方，是一个城市活力的体现。人群在此地释放着情绪，表达着民主、自由、平等这些聚集时产生的内在力量与气魄。因此，城市广场有着很多可描述的细节与个性，让城市广场设计活起来，我们要注意如下要点（图 3-2-4）：

（1）广场的场所感：了解设计的是社区集会场所还是市政形象的政府办公场所，或者是充满商业气息的购物广场，设计的总体定位和特征一定要明确；

（2）人群的多样性：城市广场本来就是人性场所的重要代表，人们在此展示自我，同时也观望别人，强化出广场的公众性、政治性。另外，从行为的多样化考虑，人群活动在广场空间中的行为要求得到满足（观望、聚会、闲谈、娱乐、宣传、售卖……）；

（3）环境的限制性：广场所在的环境非常重要，是在马路旁还是宅间空地上建的小型游乐场地，它们之间在尺度、功能上有不同的明确要求。

3.2.4　街道空间

城市街道是很重要的城市开放空间类型，在此，交通问题、步行问题、休闲问题都交织在一起，考验着设计师全面、综合地解决问题的能力。在做街道空间设计（图 3-2-5）时，我们要注意如下几个要点：

（1）功能性：在设计中，街道功能包含哪些要素，是停车场还是休闲停留空间，它们的延续功能还应有哪些，这些问题的明确有利于我们开展设计的细节；

（2）空间性：街道总地来说，是一种线性空间，那么，在绵长的线性空间中，设计师怎样区别对待，要对行为与空间的关系进行挖掘与整理，来指导设计的发展；

（3）节奏性：街道空间呈现的节奏感在做规划时必须要考虑，以避免单调和重复。

3.3　各功能空间的设计训练

3.3.1　住宅庭院景观设计的基本要求

（1）住宅庭院景观设计的基本要求

• 住宅庭院的场所感得到实现；

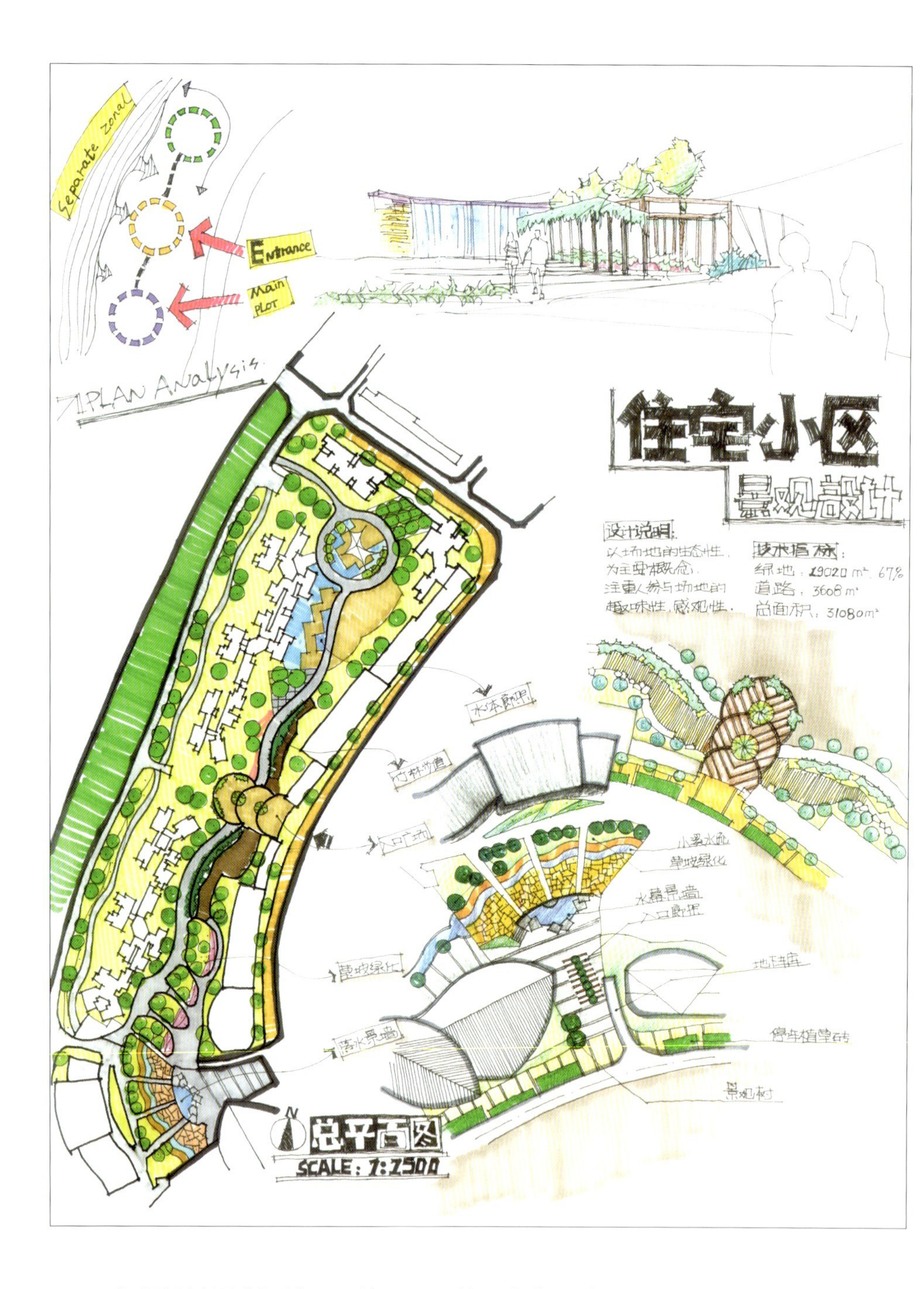

图 3-3-1　住宅空间景观设计手绘

•根据设计要求设计不同的景观风格、定位设计形态（别墅、小高层、多层、邻里小庭院……）；

•根据提供的设计条件反映住宅空间尺度；

•人群活动在住宅空间中的行为要求得到满足（碰面、休闲、观景、散步、陪护……）；

•交通组织合理，可达性、安全性等方面有所考虑，适当考虑无障碍设计。

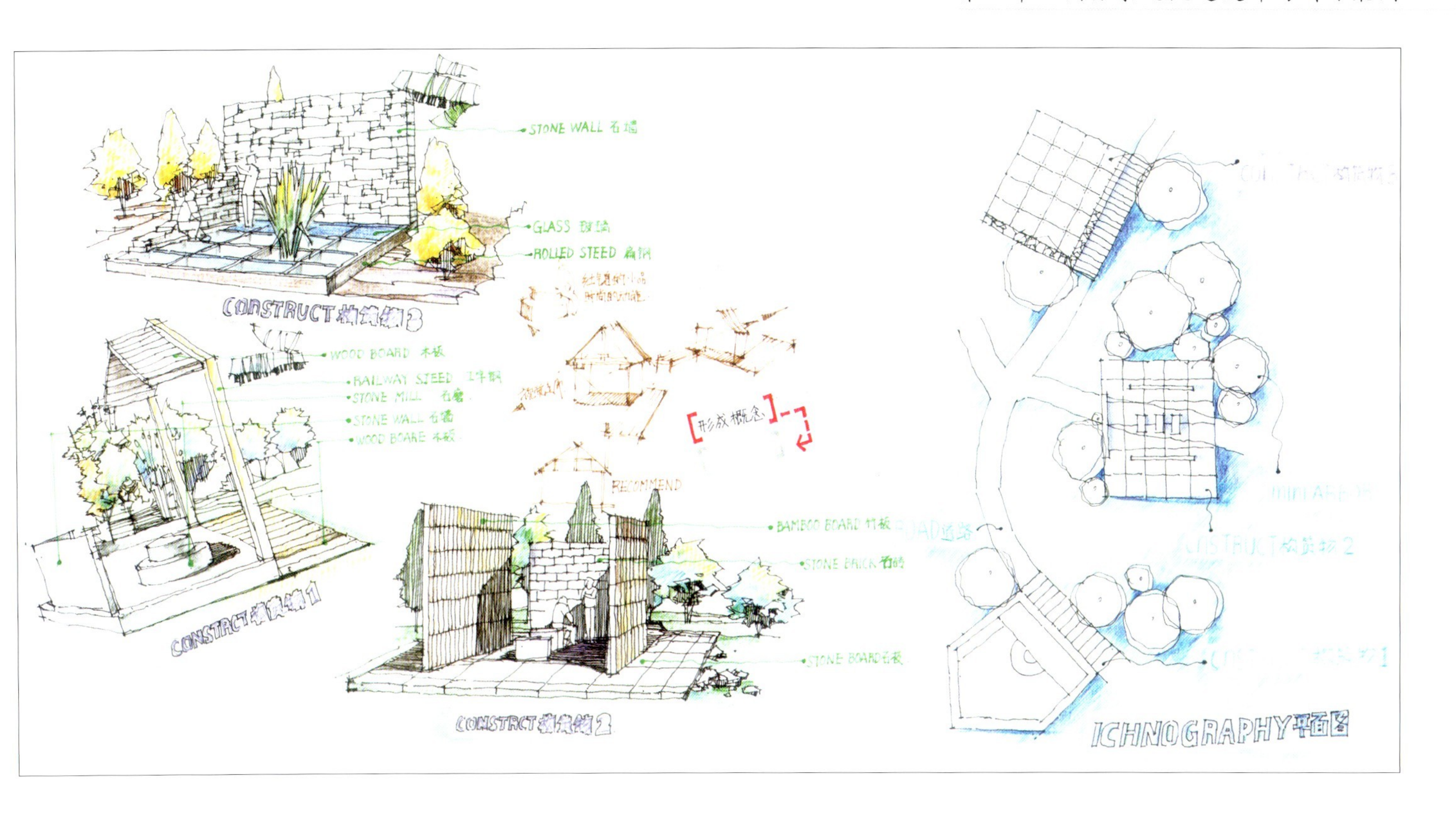

图 3-3-2　小型公园快题设计
（师佳佳　环境艺术设计 04 级）

（2）图解和分析要点

• 场所的宜人性得到充分体现：植物、水体、铺地、廊架等硬、软质景观要素要有搭配和组织；

• 各使用人群的相关道具成为必要的因素：如儿童的游乐设施、老人的健身步道等等；

• 室外的空间场所或开放或私密或半私密在环境中有所搭配，区分出静区和闹区；

• 能找到景观差异性的表达。特别是空间边界的处理，生态性（柔化）或人工感（硬化）都要体现设计者的意图（图 3-3-1）。

3.3.2　公园绿地景观设计的基本要求

（1）公园绿地景观设计的基本要求

• 公园的类型与性质定位明确；

• 公园绿地的功能分区；

• 绿地形态的多样化得到体现；

• 人的休闲、度假行为得到满足（交友、垂钓、烧烤、运动……）；

• 道路的界面设计与人的行为相结合。

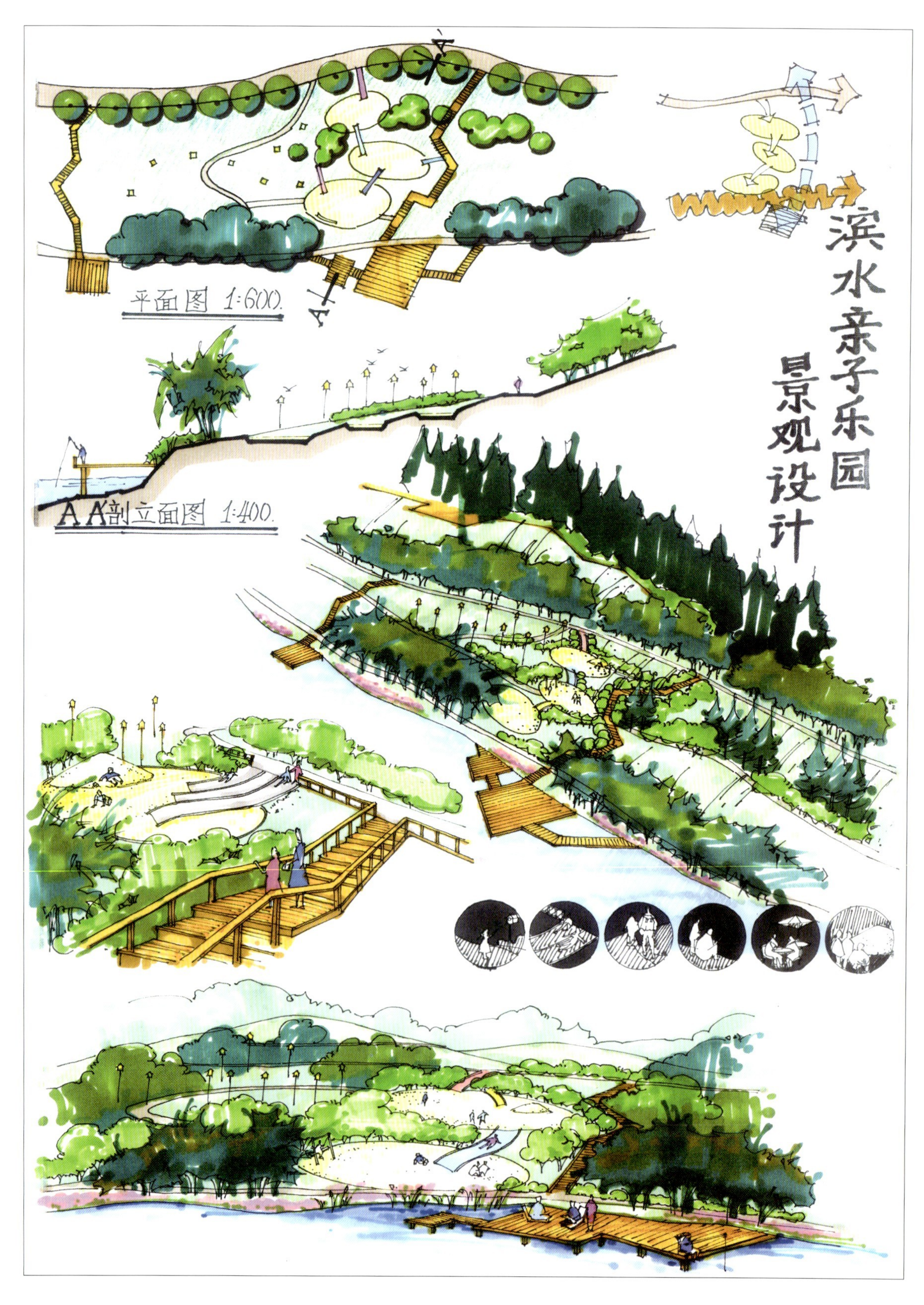

图 3-3-3　以人的多样化行为展开的公园设计（周舫颐　建筑艺术设计研究生 07 级）

(2) 图解和分析要点（图 3-3-2、图 3-3-3）

• 场地的开放性和闭合性特征得到合理的配置；

• 场地的视野和尺度得到强有力的控制；

• 各类人群的行为特点得到体现。

3.3.3　滨水区景观设计的基本要求

(1) 滨水区景观设计的基本要求（图 3-3-4）

• 对水体的处理手法（湿地、堤岸、河流、滩涂……）；

• 滨水区与环境的功能空间所进行的互动；

• 滨水的线性空间与其他形态的空间的转换；

• 亲水行为的设计。

(2) 图解和分析要点

• 行为的分析；

• 构筑形态语言与环境功能空间的一致性处理；

• 场地的维护手段；

• 滨水路面的处理手法；

• 空间界面庇护感的营造。

图 3-3-4　滨水环境景观设计（韦爽真、杨雪）

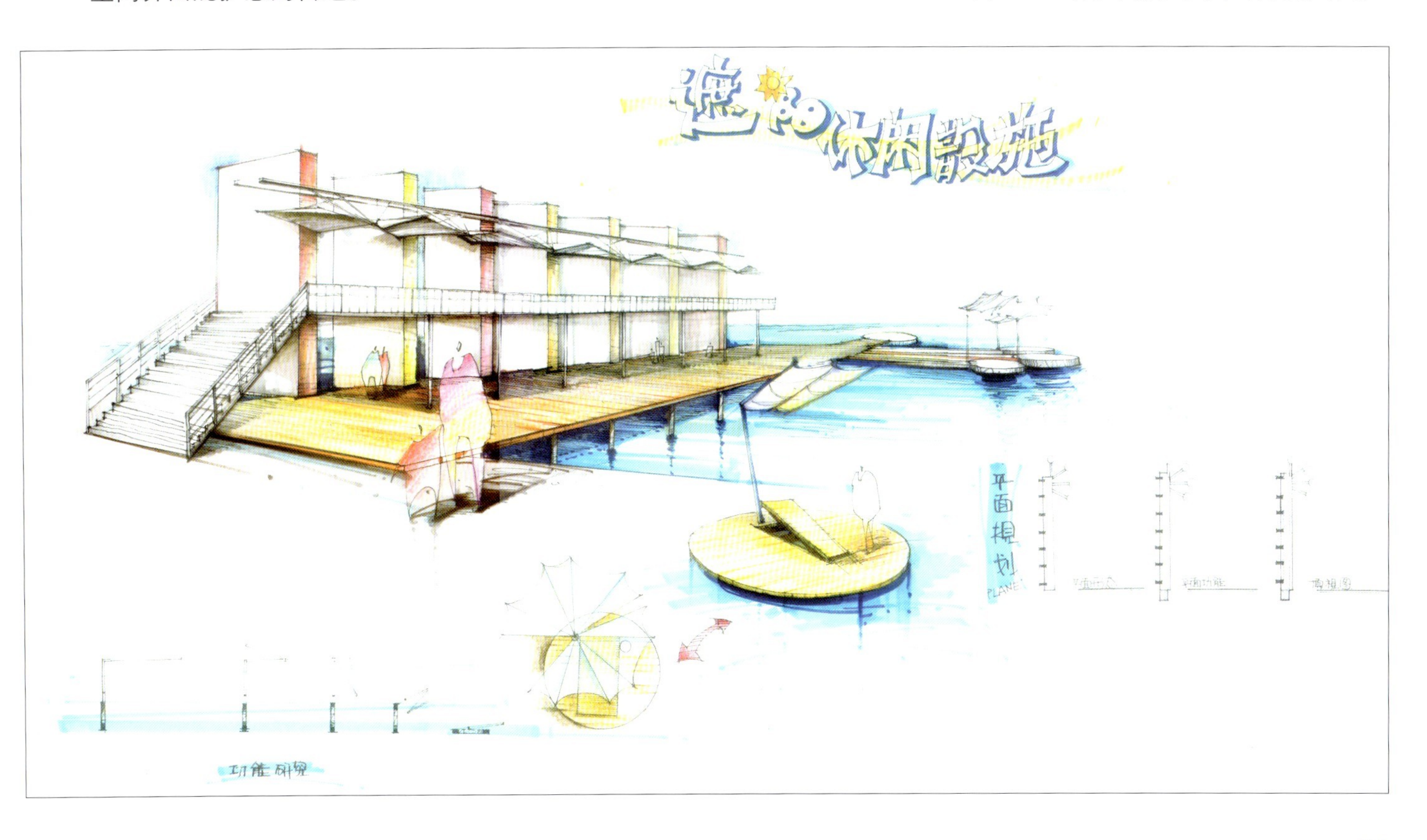

3.4 传统风景园林的案例训练

传统风景园林所蕴含的丰富的哲理思想，它所展现出来的对空间独特的认识和处理手法都是我国悠久的历史沉淀下来的优秀文化遗产。作为更讲究公众参与和开放形态的现代景观设计，在塑造空间的手法上常常借鉴传统造园的方法和观念，也很有裨益。所以，用快题设计分析、解构等图示化手法来传达传统造园的手法、技巧也是很重要的训练内容。

图 3-4-1 传统园林庭院设计
（刘展、刁小峰 环境艺术设计 03 级）

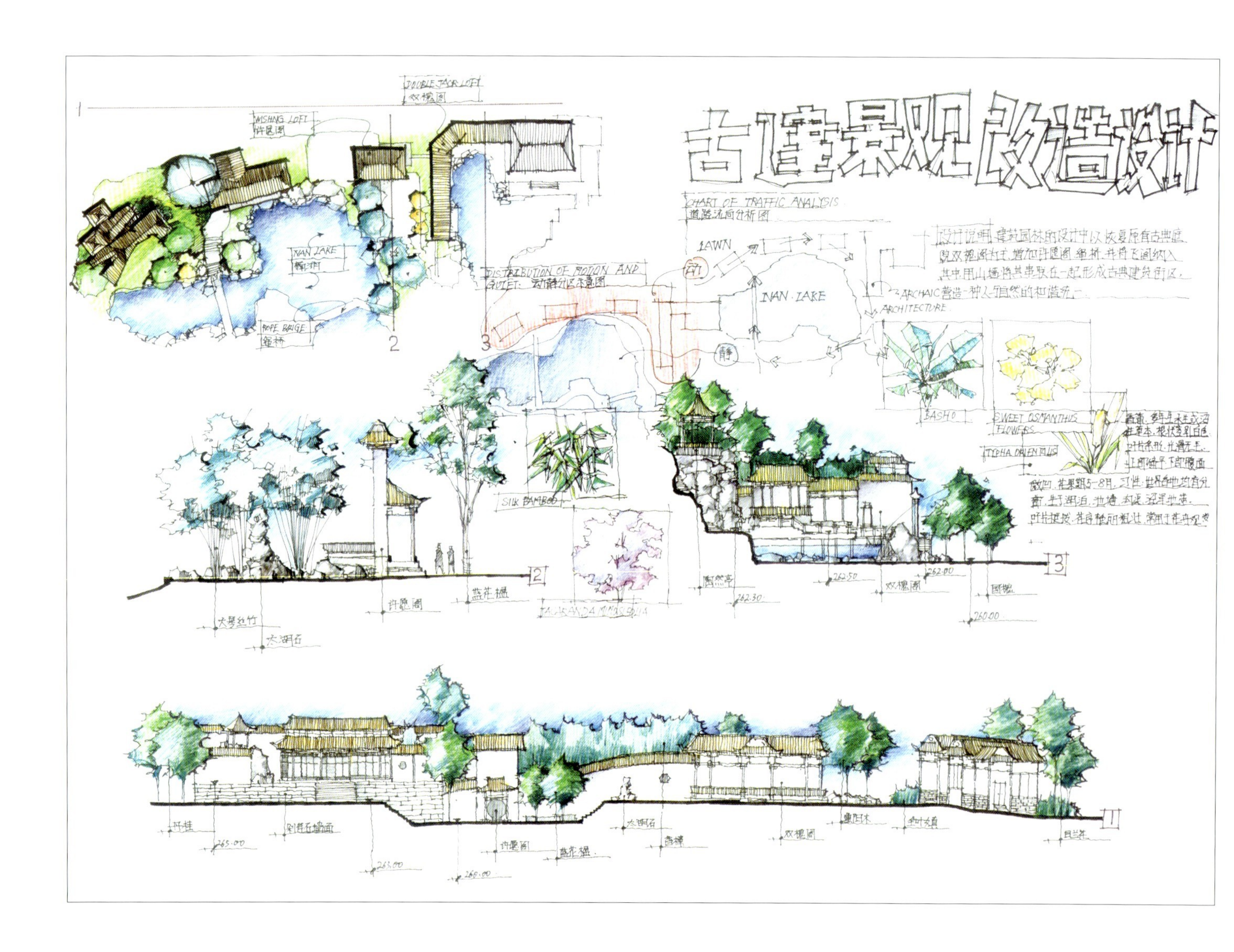

第 4 章

快题设计典型案例与评价

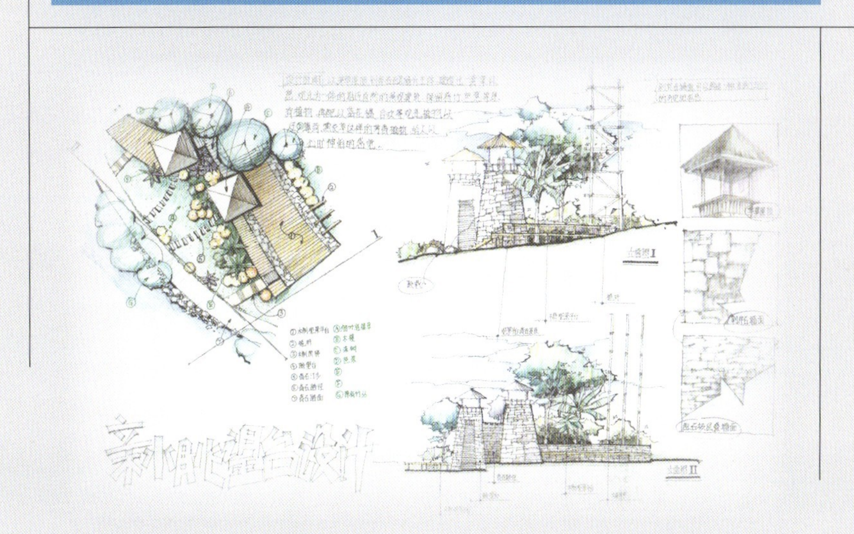

第 4 章　快题设计典型案例与评价

4.1　亲水构筑物设计

设计要求：设想一水体环境，在此环境中，以一亲水构筑物为主体进行环境的整体设计。亲水构筑物的功能可以自己定位，如码头、茶舍等。

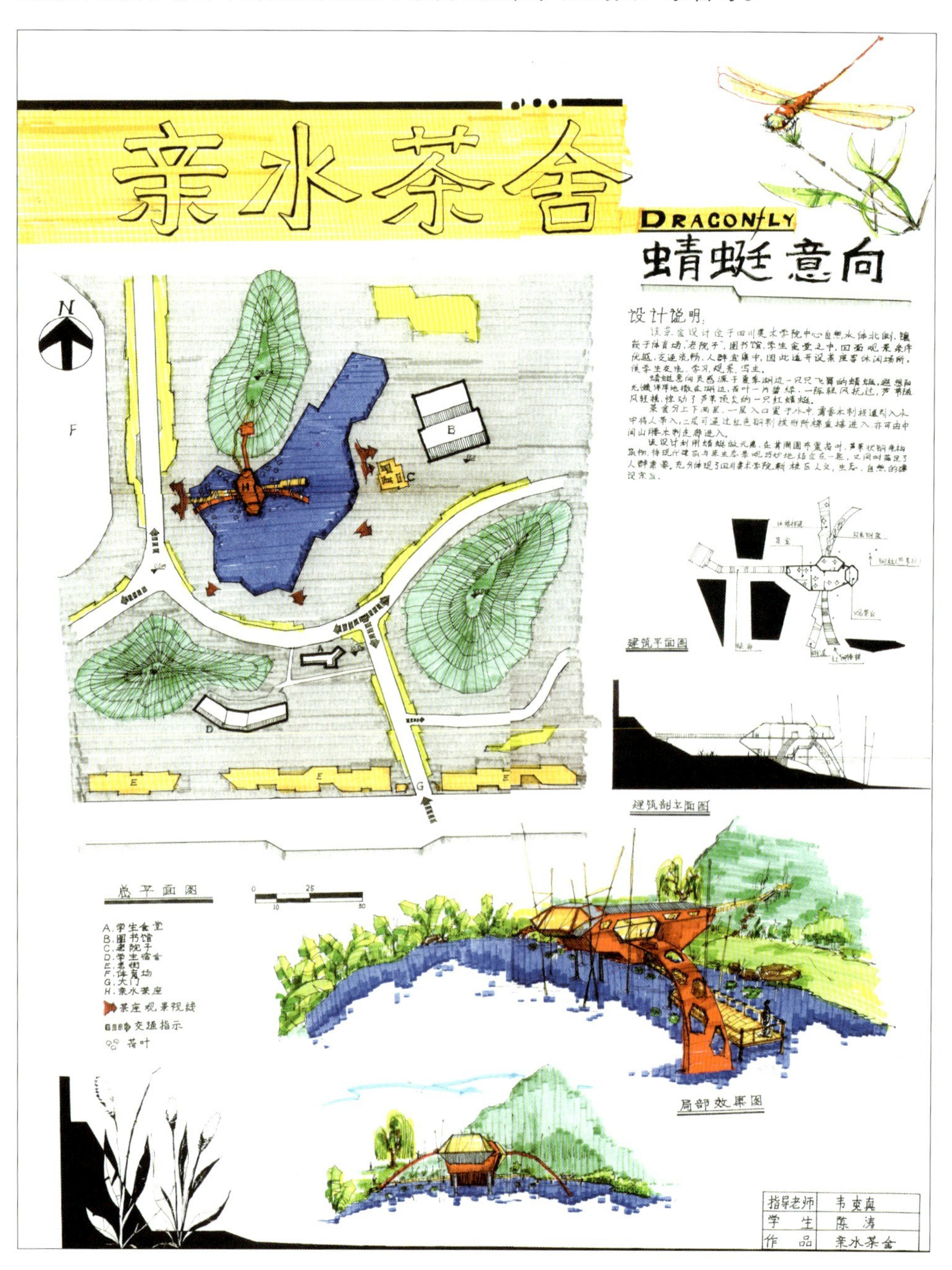

图 4-1-1　亲水构筑物设计（一）
（陈涛　环境艺术设计 05 级）

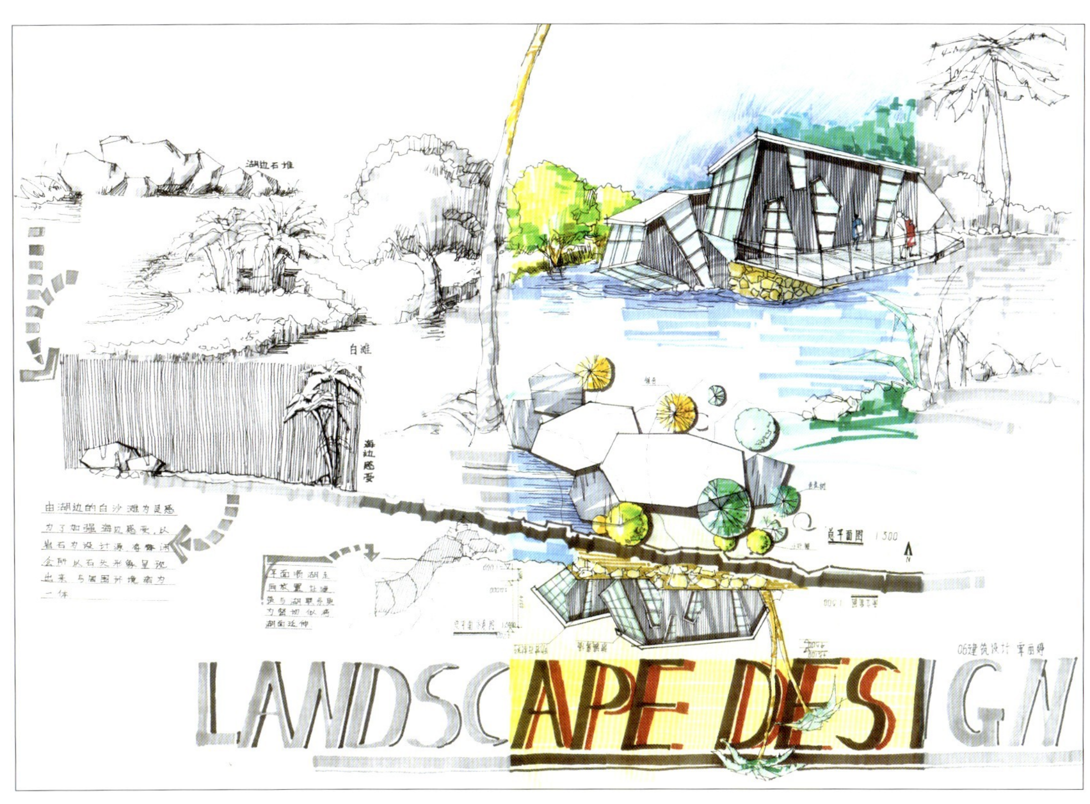

图 4-1-2　亲水构筑物设计（二）
（覃丽婷　建筑艺术03级）

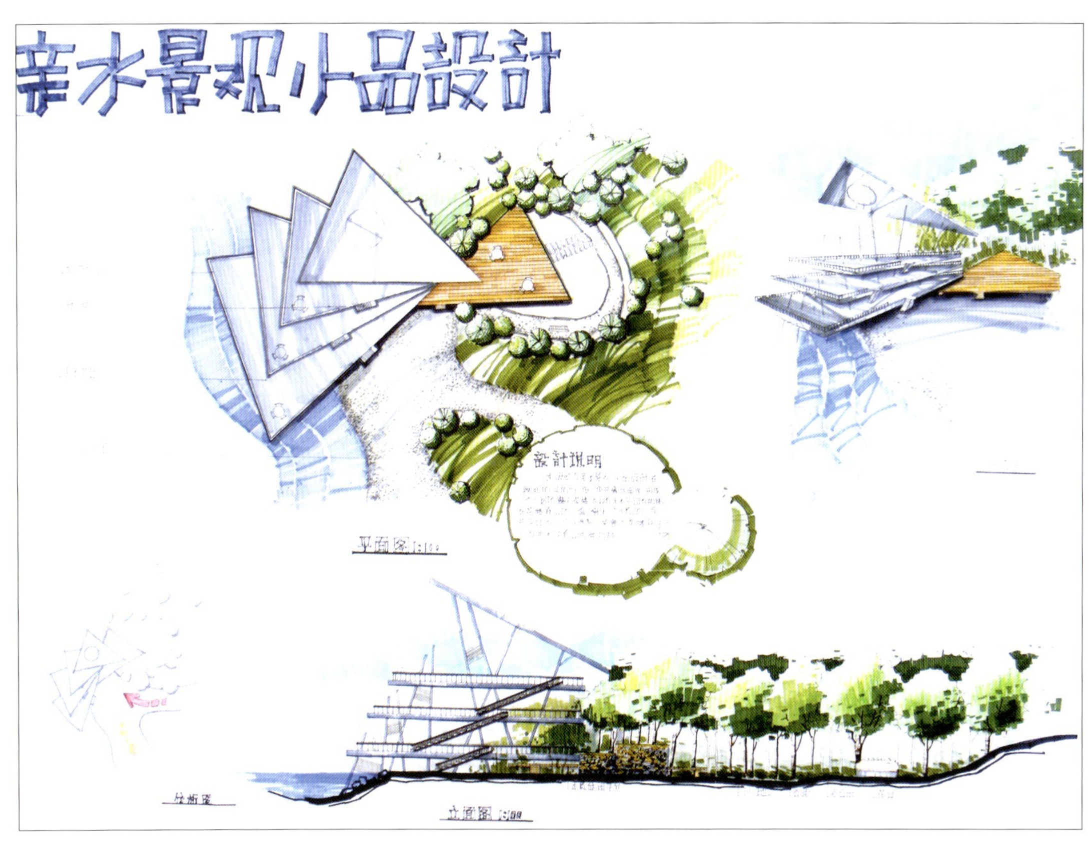

图 4-1-3　亲水构筑物设计（三）
（边静　环境艺术设计研究生 08 级）

要求：考虑亲水的场所特征，构筑物的个性特征以及人的行为在环境中的具体体现。

作业点评：图 4–1–1 所示方案以在水体旁边栖息的蜻蜓为设计的灵感，设计了一个以红色蜻蜓为创作原型的建筑作品，作者借此亲水茶舍表达了对活泼生命的理解。设计创意大胆、灵性，表达上干脆、清晰、色彩明快，特别是旁边的插图性的表达生动地传达了设计者的意图，反映出作者丰富的形象力。

图 4–1–2 所示方案从沙滩旁边的岩石获得启发，将磐石般具有体量感的建筑放在水边，使得方案的意境既稳重又不失对场地特征的描述。作者在思考方案的同时，对图面的布置也下了一定功夫，使方案的构思过程和结果都跃然纸上。图面信息丰富，重点突出。

图 4–1–3 所示方案大气而简洁，较好地反应了场地关系，特别是将简洁的几何形体结合在构筑物的造型上，反映出较强的造型能力。

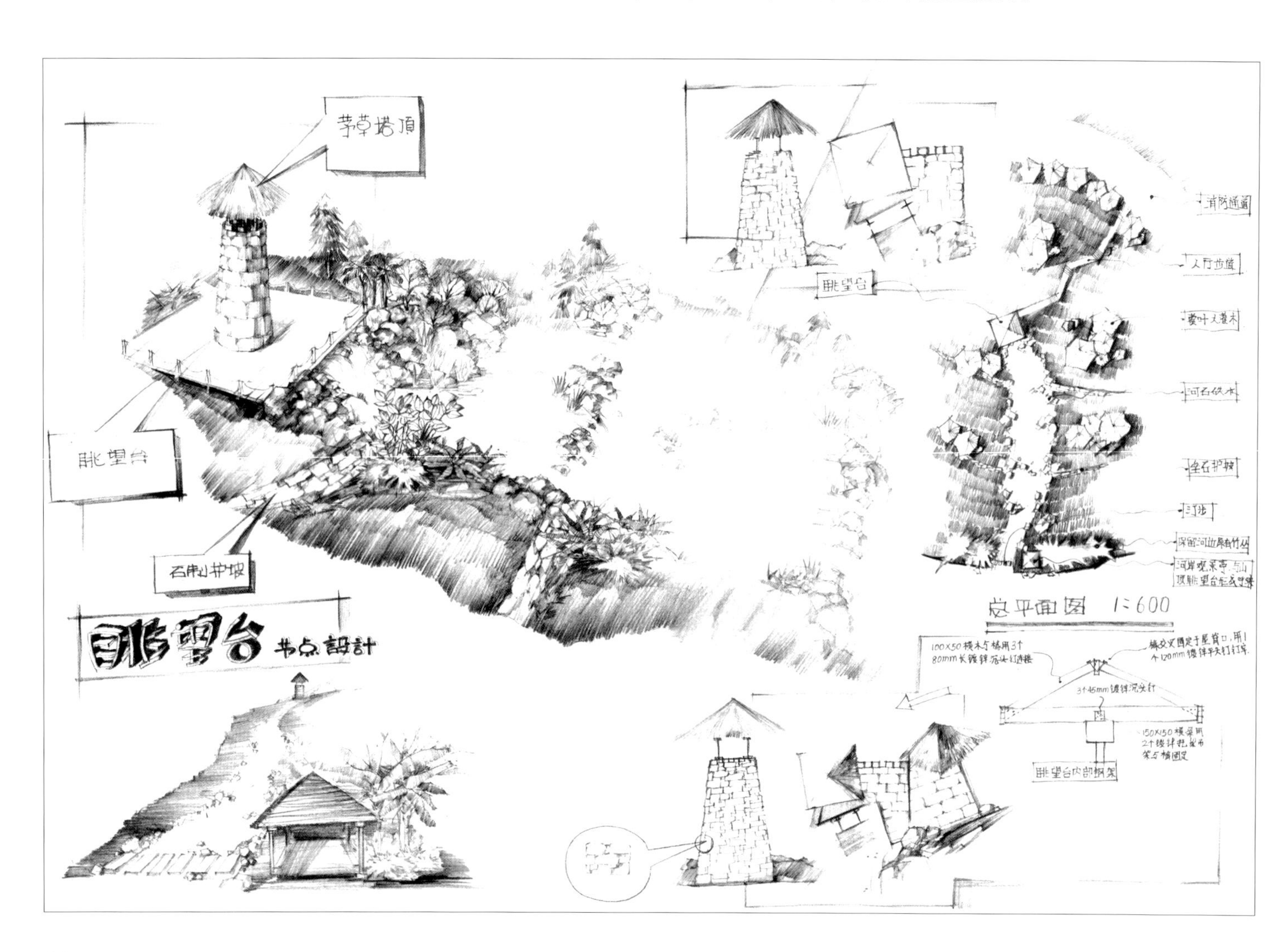

图 4-2-1　坡地建筑设计（一）
（刁小峰　环境艺术设计研究生 07 级）

4.2　坡地建筑设计

设计要求：给出一定的坡地地形，要求运用场地条件的限制性，设计能与环境产生较好沟通关系的建筑物。

作业点评：图 4-2-1 所示方案用单纯的铅笔工具表达了在环境中登高望远的情境。根据坡地的形态和环境特征，围绕这一理念设计了具有乡土意味的构筑物。图面以描述构筑物为中心，组织了相关环境的表现。用笔大气而不失细腻，特别是单纯地用铅笔来完成设计图面的风格化意识值得推荐。方案中如果再增加一些剖面分析会使设计更有说服力。

图 4-2-2 所示方案中，较好地理解了坡地环境在表现和环境沟通上的优势，用最简洁的造型手段构筑了使人的行为丰富地参与到环境中的建筑物。

图 4-2-2　坡地建筑设计（二）
（杨鎏　环境艺术设计研究生 07 级）

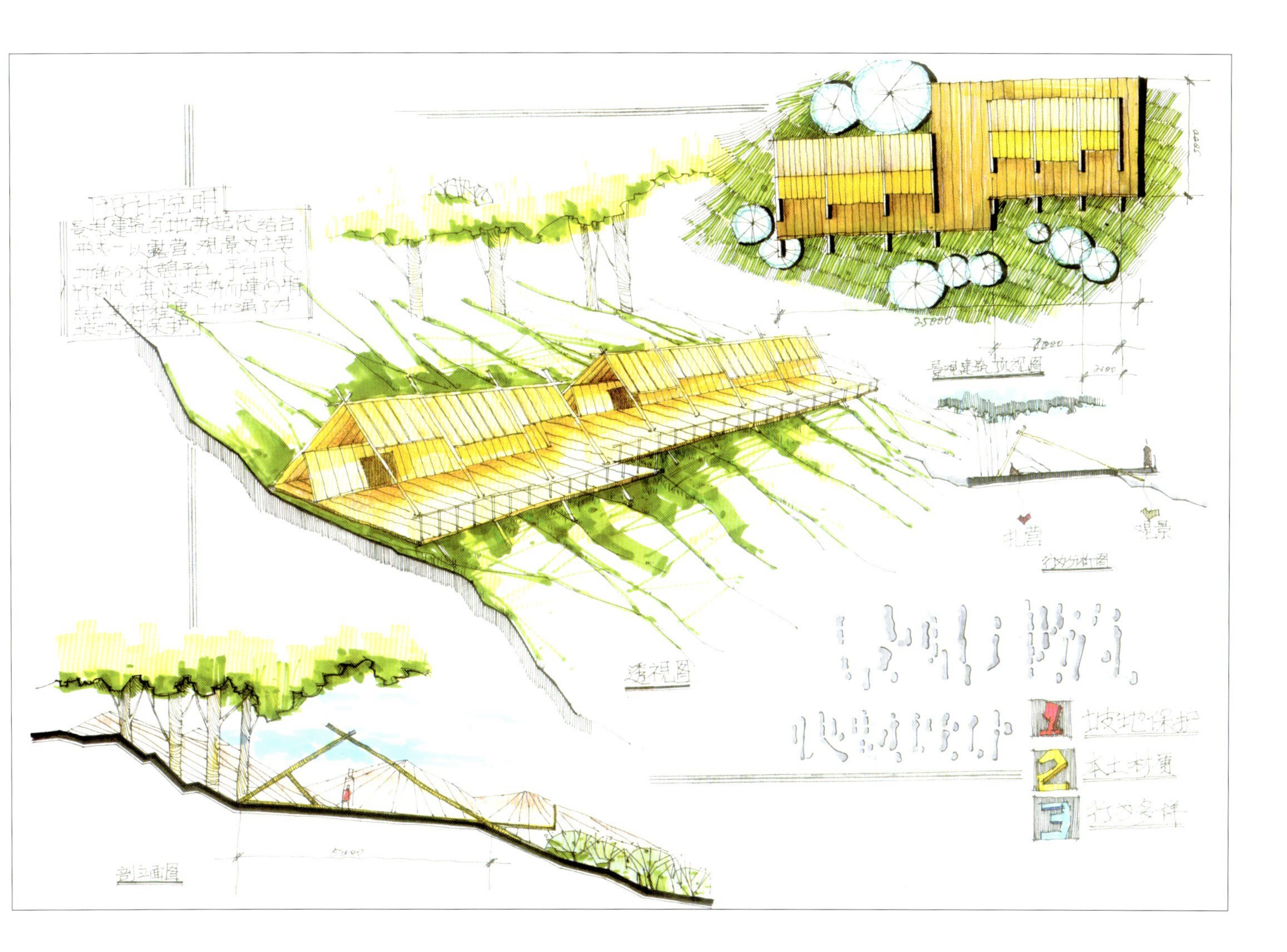

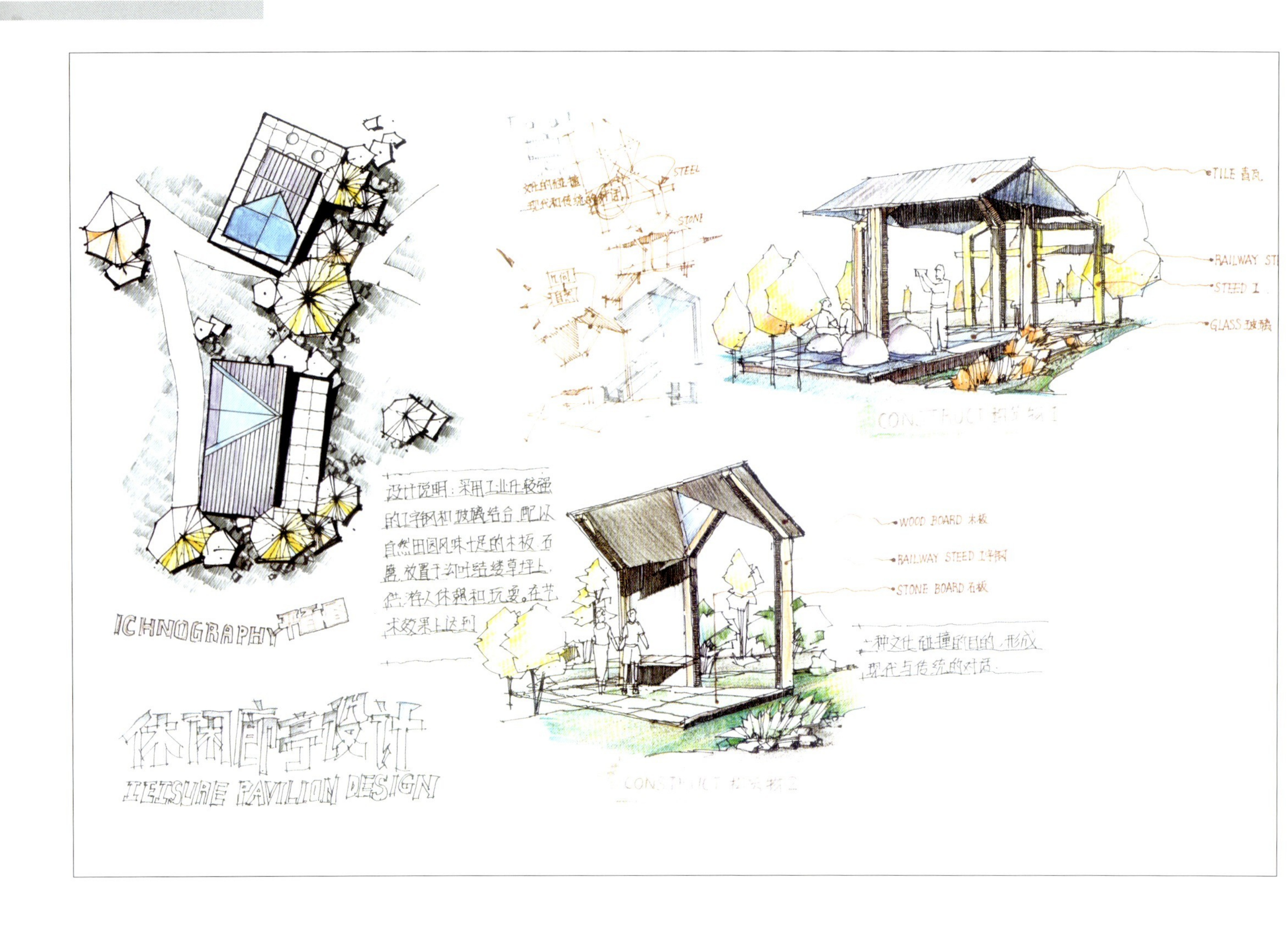

图 4-3-1　乡土构筑物设计（一）
（刁小峰　环境艺术设计研究生 07 级）

4.3　乡土构筑物设计

设计要求：这个快题设计主要是对设计语言和设计元素的运用。要求设计者体会乡土的含义，提取经验的视觉元素进行再造设计。

作业点评：图 4-3-1 所示设计较好地表达了乡土化的设计语言，并且使之成为互为呼应的组团形式，显出作者的特别用心。

图 4-3-2 案例中不仅将乡土化的材质和造型要素结合在设计中，还从环境的地形高差和其他构筑物之间形成了很好的整体协调的关系。表现上主次有别，注重细节的表达，使画面层次感较强。

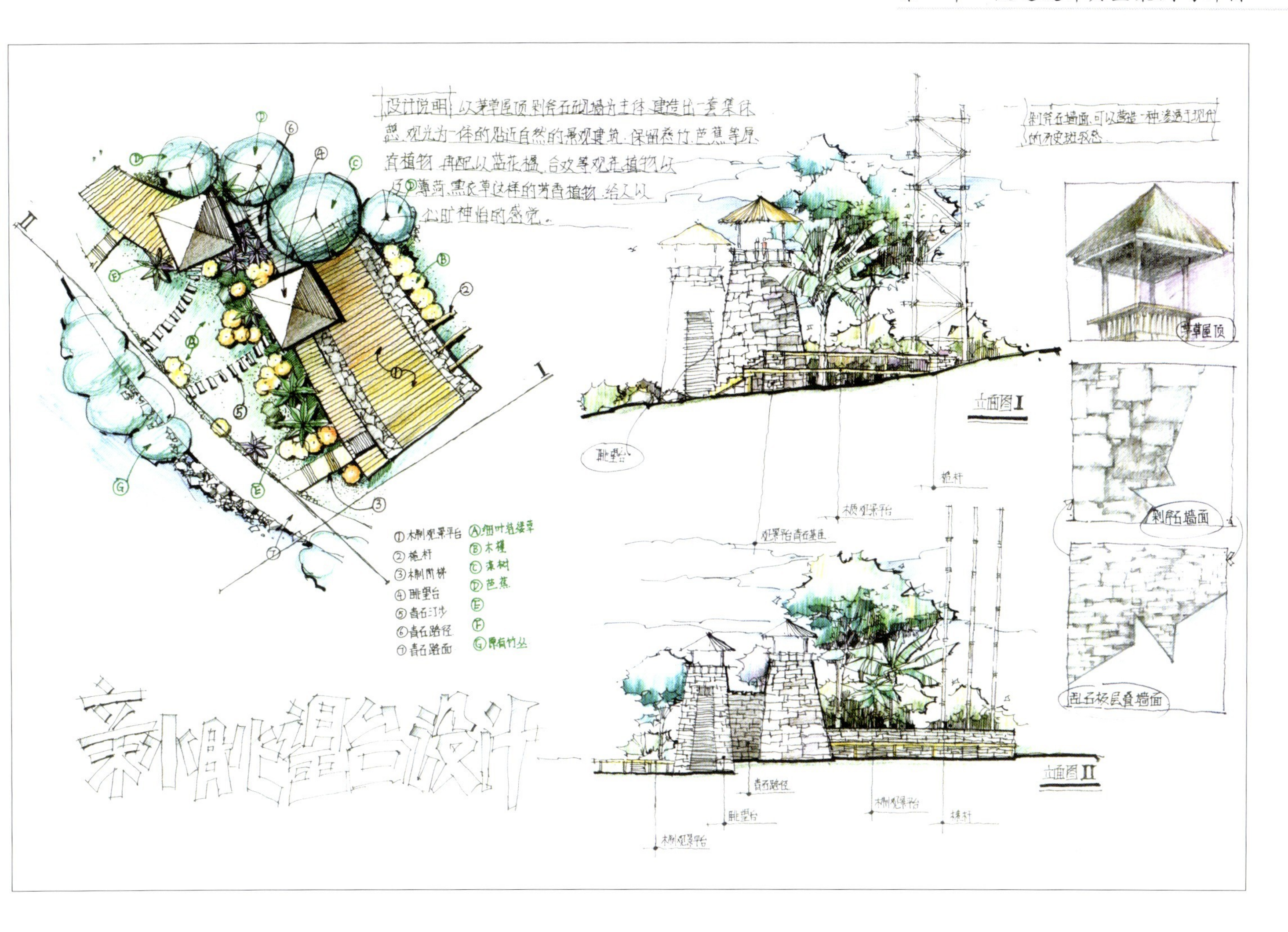

图 4-3-2　乡土构筑物设计（二）
（韦爽真、刁小峰）

4.4　学校大门设计

设计要求：以一艺术院校大门为主要对象作环境的整体规划设计。正确处理城市主干道与大门入口之间的空间关系；并考虑大门的相关附加功能，如门卫、收发室、自行车停放等；大门具有个性特征。

作业点评：该设计将水的元素与大门的空间结合起来，并且注重在表达表现中反映出构思的观念形成过程，值得我们借鉴（图 4-4-1）。

4.5　城市广场设计

设计要求：在一城市开放区域、城市商业建筑的空地上设计一休闲广场空间。结合城市商业氛围、购物的相关行为需求，自定绿化、设施等具体内容。

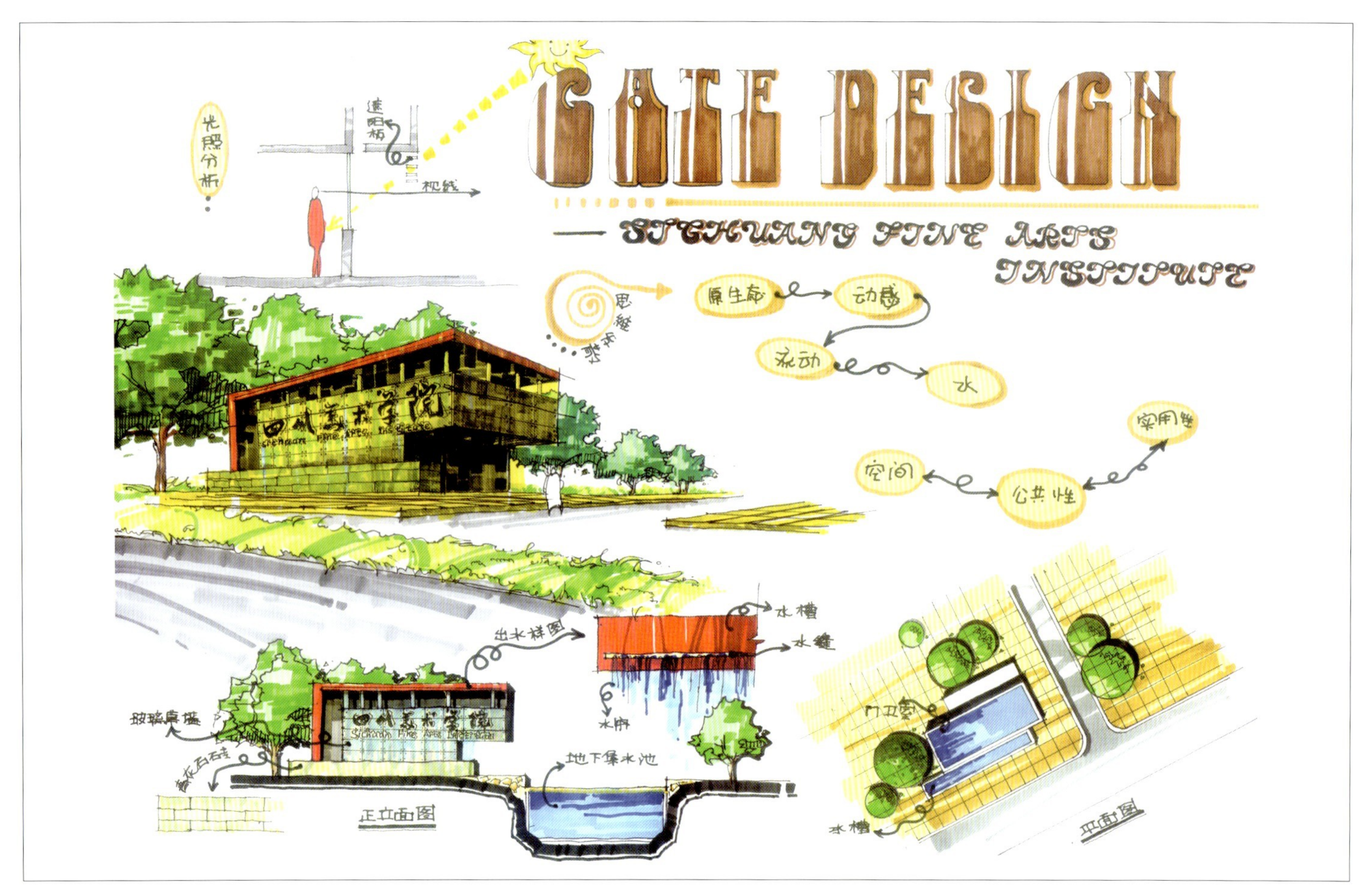

图 4-4-1　学校大门设计(王学林　建筑设计08级)

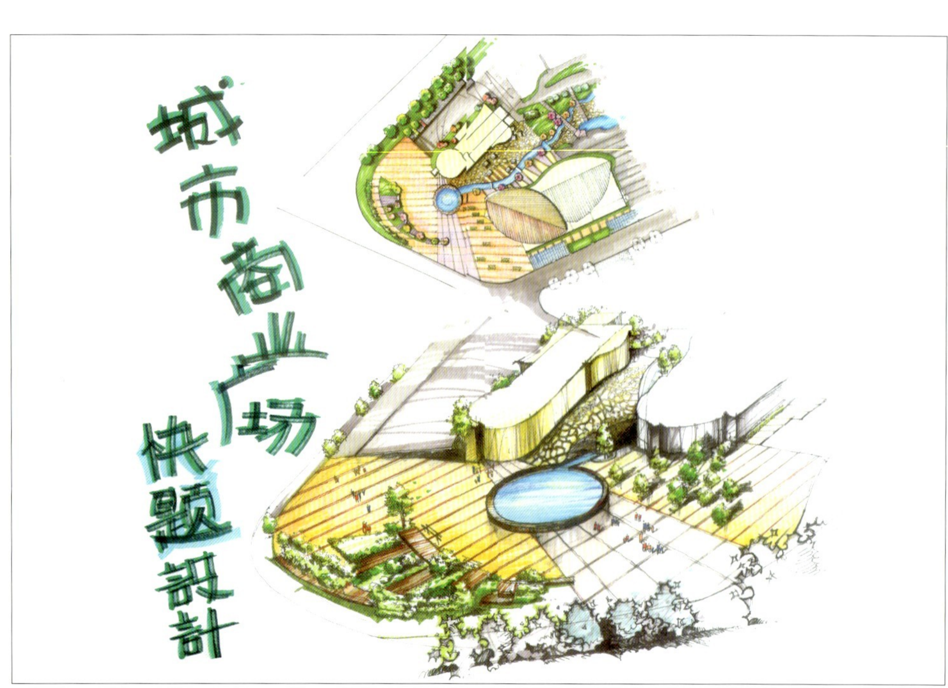

图 4-5-1　城市商业广场设计（韦爽真、杨雪）

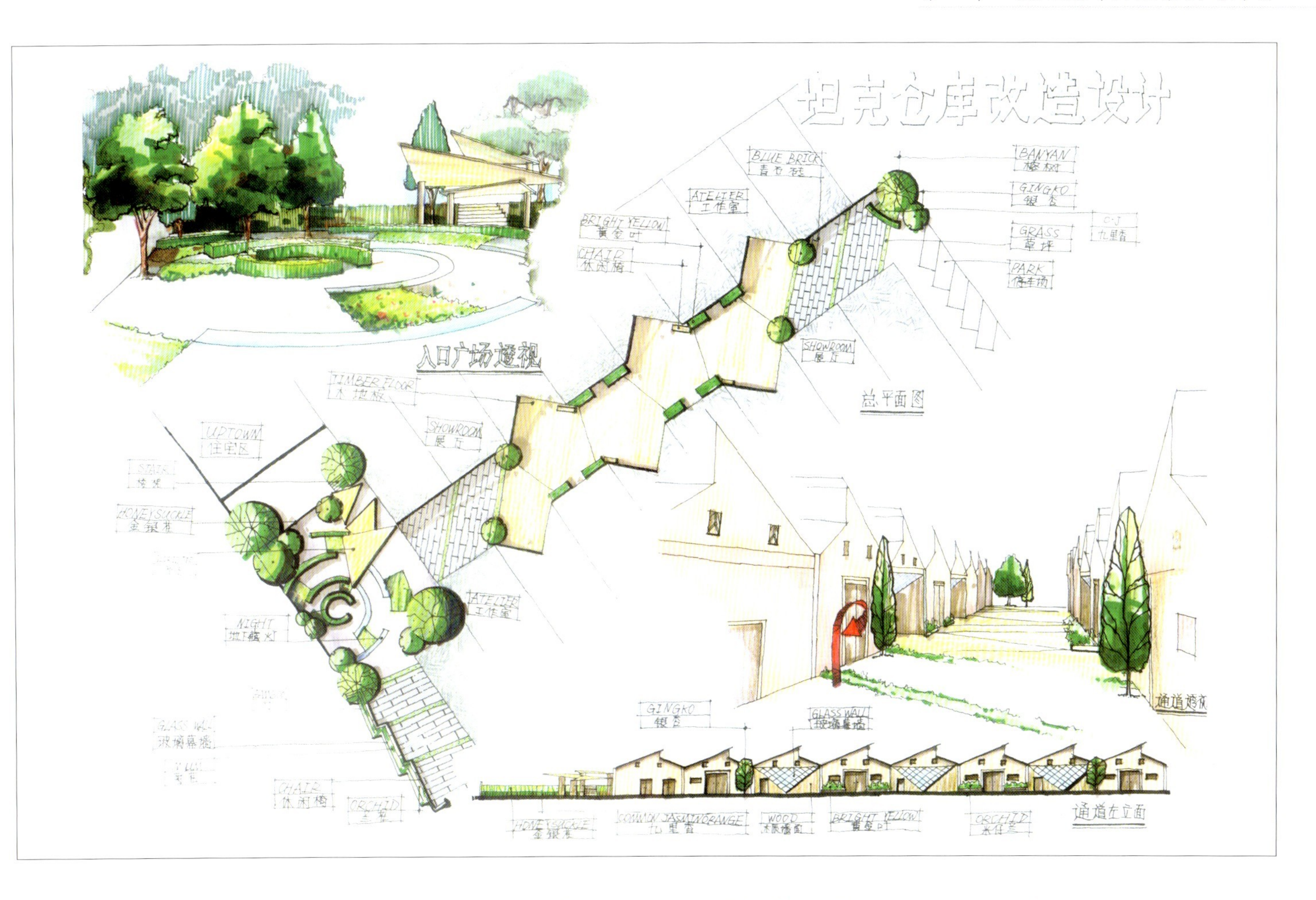

作业点评：该设计反映出作者很好地理解了场地的城市商业广场的性质，从使用者的角度很好地营造广场的商业休闲氛围。对于这种集城市住宅、购物、行政建筑为一体的城市综合体，作者做到了有条不紊、城市感强。用笔干脆、大胆，表现出快题设计的特征。

图 4-6-1　旧建筑改造设计
（吴荔　环境艺术设计研究生 08 级）

4.6　旧建筑改造设计

设计要求：给出一定已知条件的环境（包括老建筑及其周围的场地形态），要求作者根据环境和功能的需要，对其外部形态包括环境进行改造设计。主要考察作者的创新能力。

作业点评：该方案没有过多地把精力放在建筑的外立面形式上，而是把注意力放在对空间分布的节奏上，较好地提升了环境的利用价值。由此也产生了建筑外立面的形态更新，使得建筑设计与外部空间之间有了呼应关系。构图上也很大气，突出对空间的理解，使画面具有构成感（图 4-6-1）。

4.7 无障碍设计

设计要求：无障碍设计首先要求需要整理很多的信息，有场地的，也有使用功能的，因此设计必须就解决的问题进行有层次和逻辑的表达才能表述清楚。

作业点评：此方案比较成功地完成了设计所要求的方方面面，构图的架构、语言的陈述、设计本身的表达一一展开。表现整体感强，绘画基本功也很扎实（图 4-7-1、图 4-7-2）。

图 4-7-1　无障碍设计（一）
（韦佚　环境艺术设计 04 级）

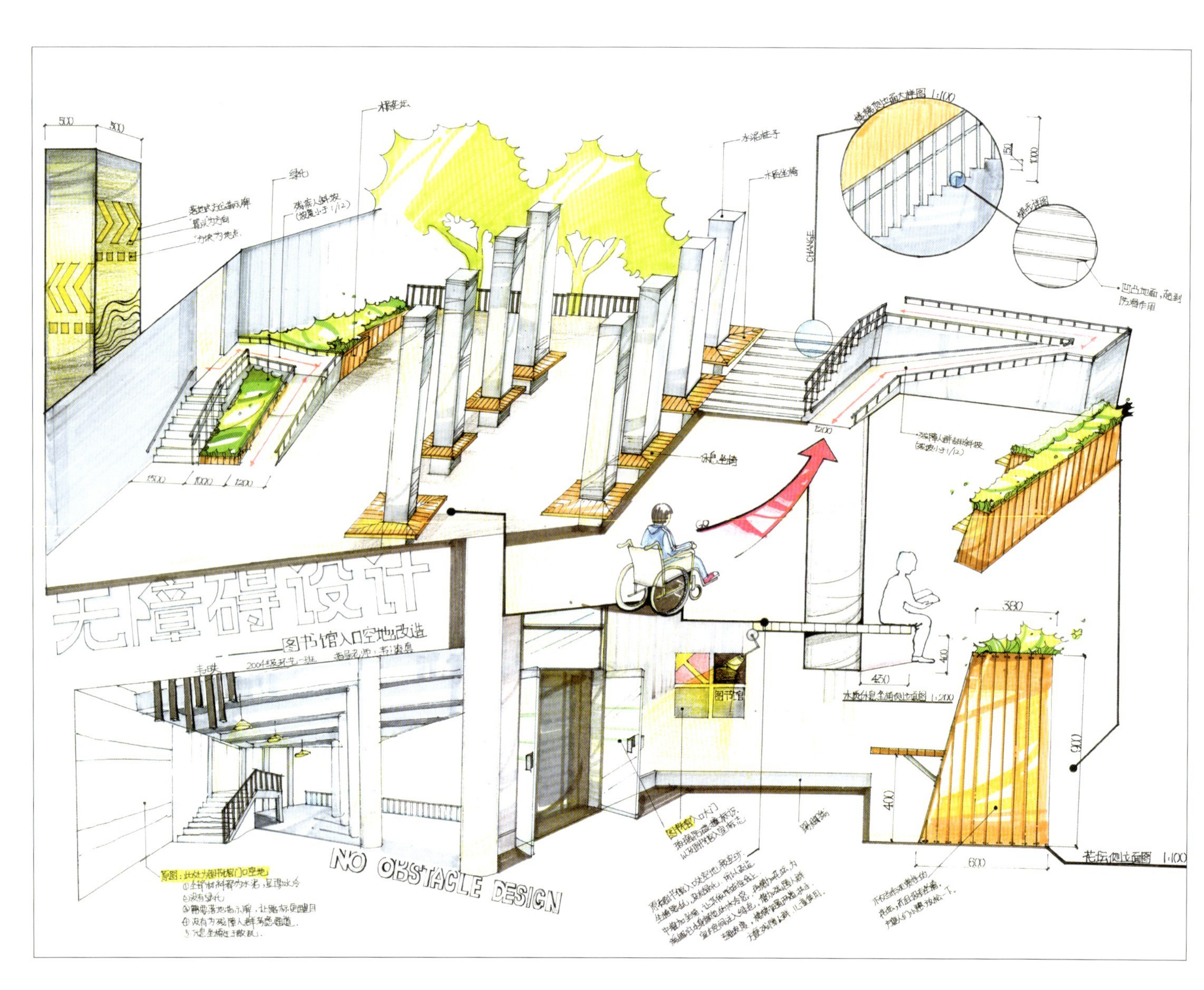

4.8　休闲茶水吧庭院设计

设计要求：以一个酒店大堂的茶水吧为主要设计对象，可考虑结合庭院空间进行整体设计，总占地 200m² 左右。要求尺度适宜，基本使用流线清晰，空间性质明确，处理丰富，有一定的分析图解。

作业点评：图 4-8-1 所示方案将庭院与室内空间的流动关系形成很好的呼应，主次分布得当，表现干脆利落。

图 4-8-2 所示方案借鉴了日本和式建筑的基本形态来组织内外空间的关系。特别借用水的概念使环境在规整中得到活跃的因素。

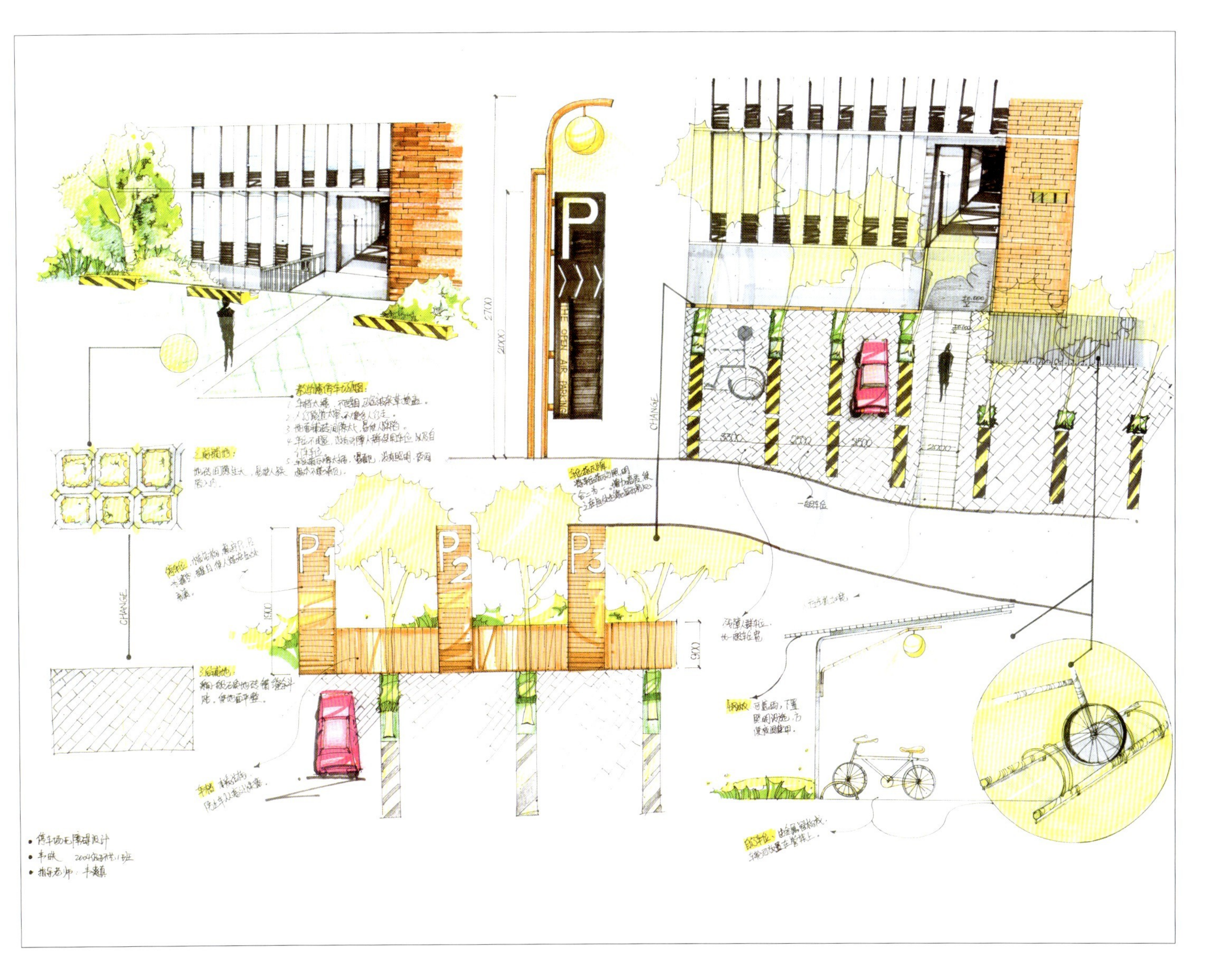

图 4-7-2　无障碍设计（二）
（韦佚　环境艺术设计 04 级）

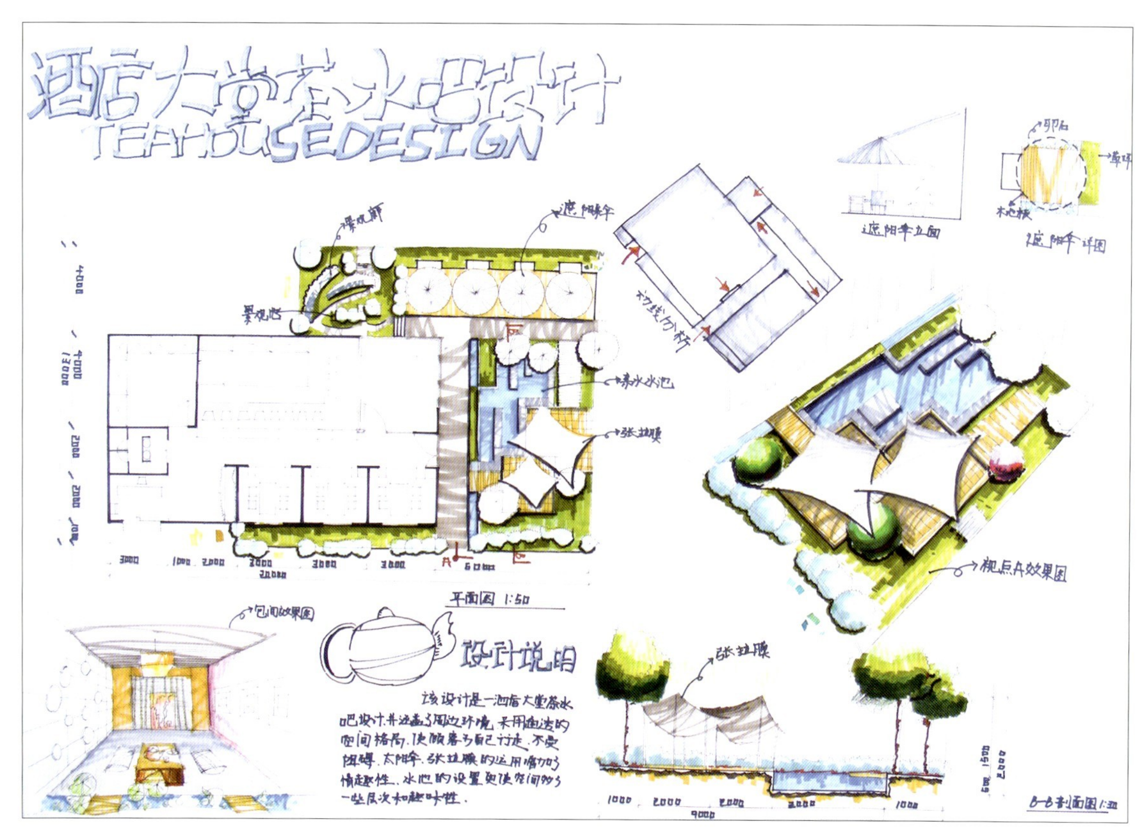

图 4-8-1　休闲茶水吧庭院设计(一)
(张琦　环境艺术设计研究生08级)

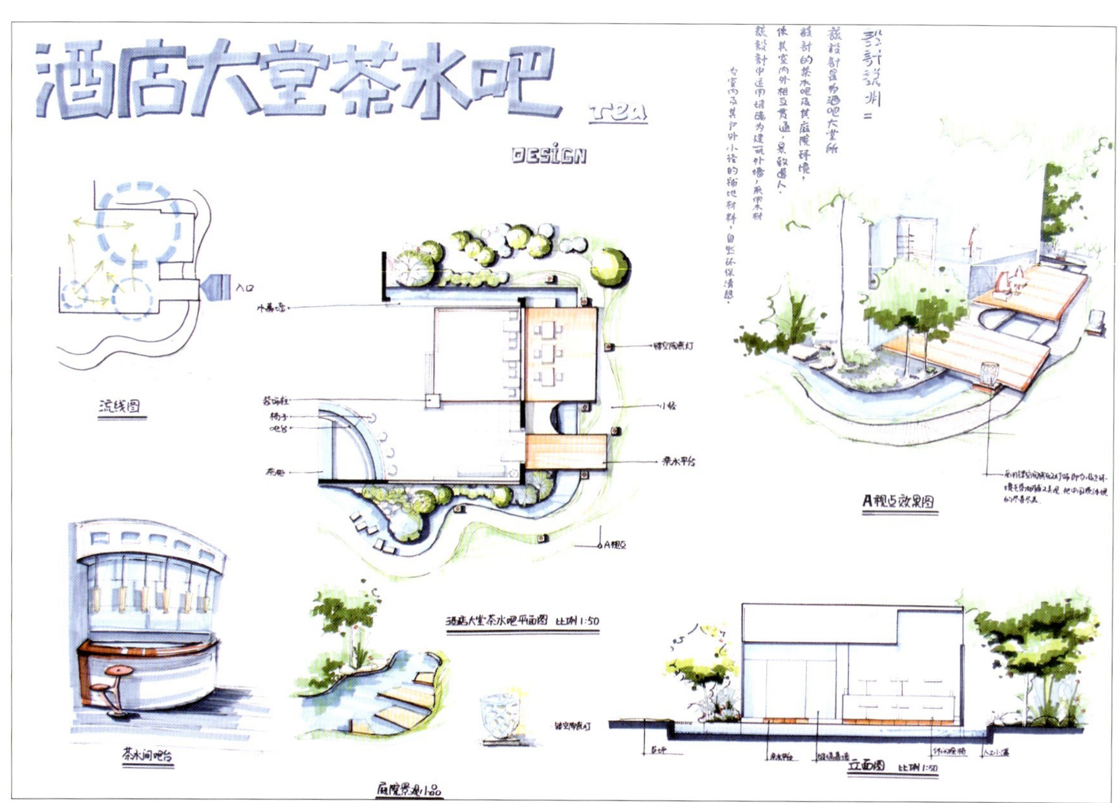

图 4-8-2　休闲茶水吧庭院设计(二)
(李金玲　环境艺术设计研究生08级)

4.9　城市公共汽车站设计

设计要求：以城市公交车站的环境为主要设计对象，综合考虑功能、形式及无障碍设计等问题。要求形式醒目、功能完善、城市空间表述得当。

作业点评：图 4-9-1 所示方案较好地表达了在城市公交车站环境中的相关技术要求，显得规范性较强。同时，由于作者很重视图面的表达和视觉流程，在构图上进行了周密的策划，将重点突出地表现在车站与城市街道空间的平面关系上，使得画面的视觉冲击力很强，主题也很鲜明。

图 4-9-2 所示方案很注重车站旁边环境的设计与营造。使得车站与环境之间有很好的沟通与联系。表现上也不拘一格，打破一般构图的程式化模式，显得有一定的视觉效果。

图 4-9-1　城市公共汽车站设计（一）
（李金玲　环境艺术设计研究生 08 级）

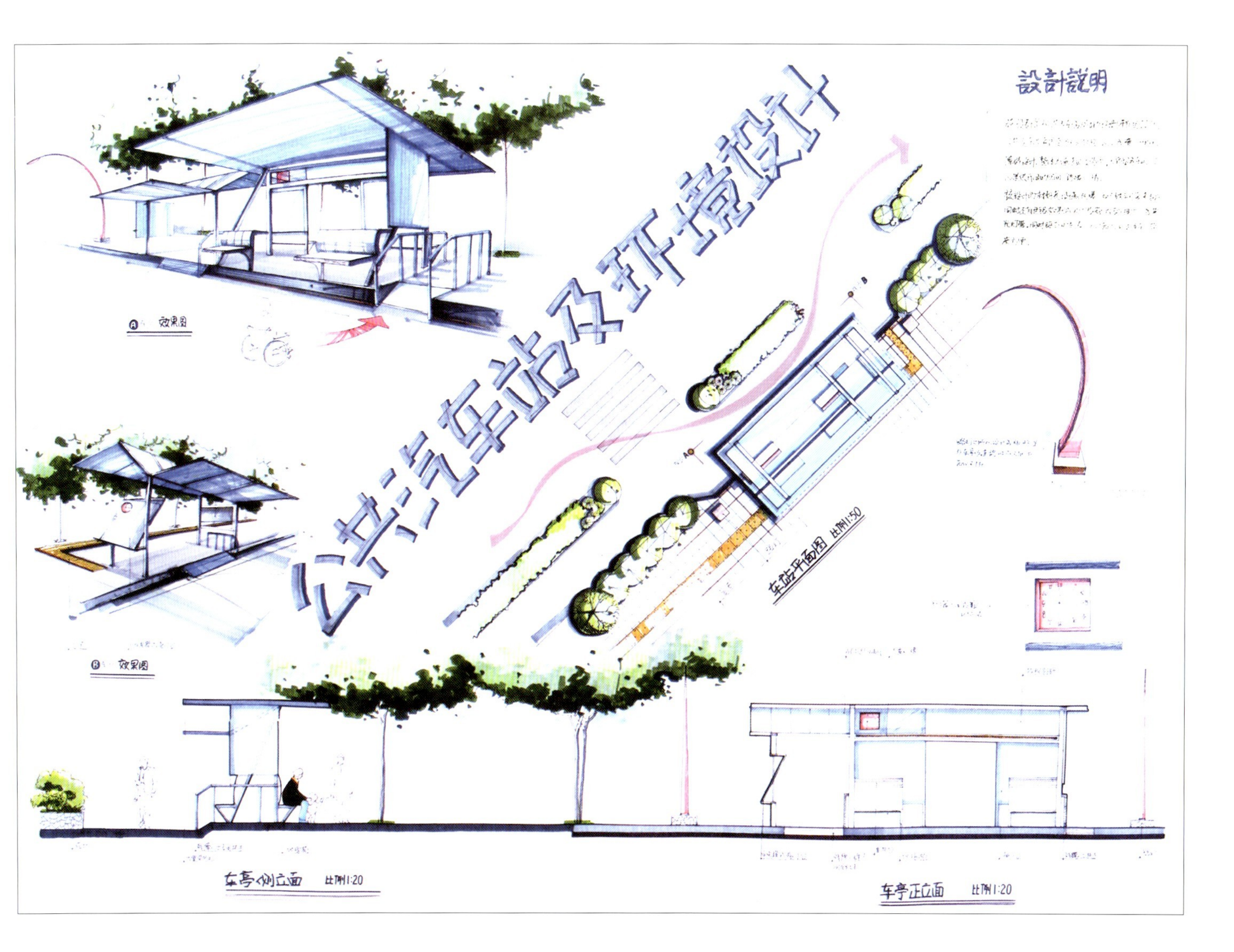

图 4-9-2　城市公共汽车站设计（二）
（姚雪儒　环境艺术设计研究生 08 级）

4.10　城市街道空间设计

设计要求：以城市街道空间的环境为主要设计对象，综合考虑休闲、步行、绿化、交通、安全等问题。在完成丰富街道空间的基础上，设计出能体现城市中人们对街道功能及意义的多重需求的复合空间。

作业点评：该方案注重体现现代城市中街道空间的景观绿化的重要性。将公共空间私密化、庭院化是该设计的一大亮点，表现上用笔干脆利落而大气，并且有较好的深入刻画能力，图面富有层次感（图 4-10-1）。

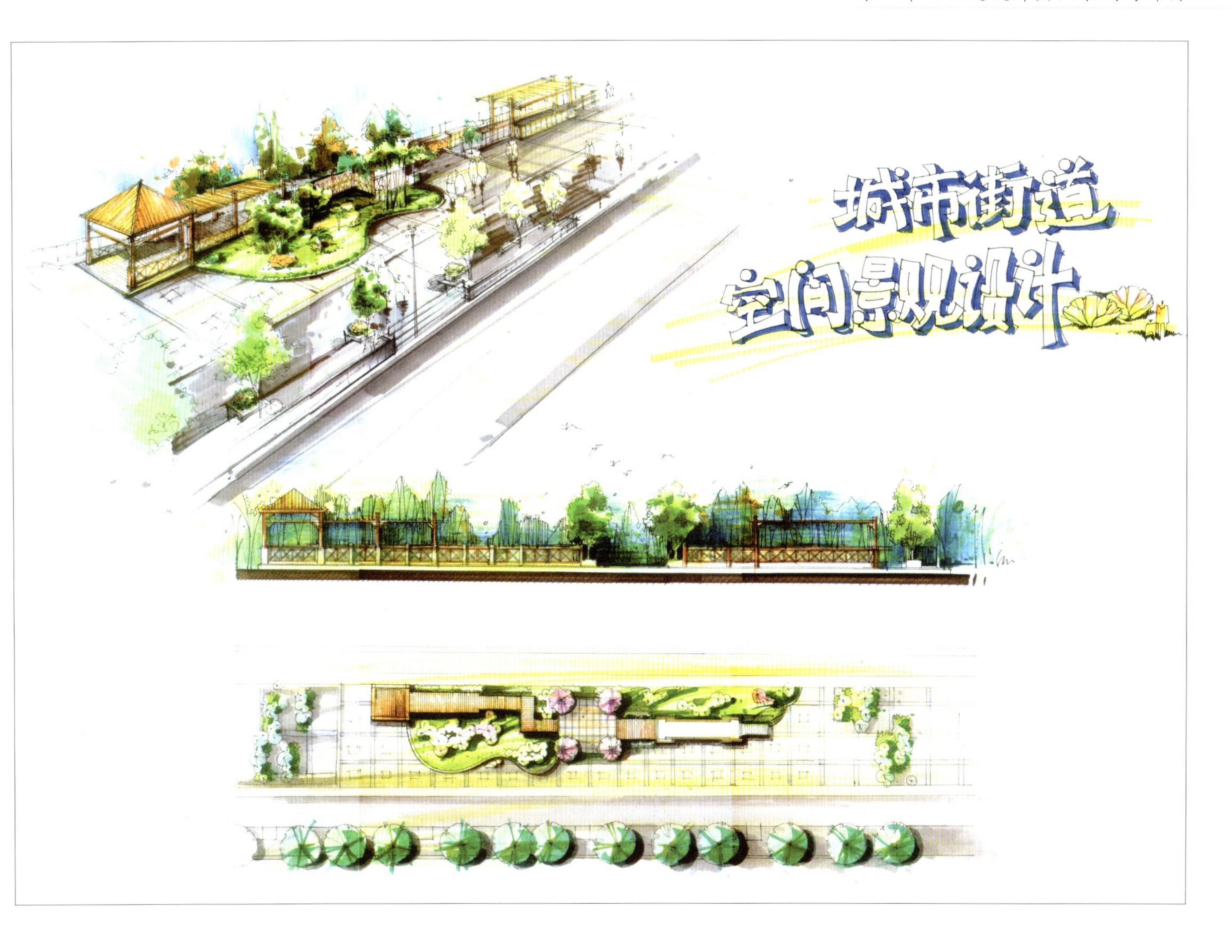

图 4-10-1 城市街道空间设计（韦爽真、杨雪）

4.11 幼儿园场地设计

设计要求：在占地 1000m^2 的空间（不含建筑）中，作者根据儿童的行为特点构思一幼儿园场地，要求符合场地特征，既有实用性又有艺术性。

比较侧重情趣化的设计内容，主要考察作者对生活的观察、对人群需要的理解以及对形式感的敏锐。

作业点评：该设计较好地体现了设计的相关要求，并且根据自己的理解创造了富有儿童情趣的空间。设计的主题明确，没有多余的累赘，用笔大气，色彩明快（图 4-11-1）。

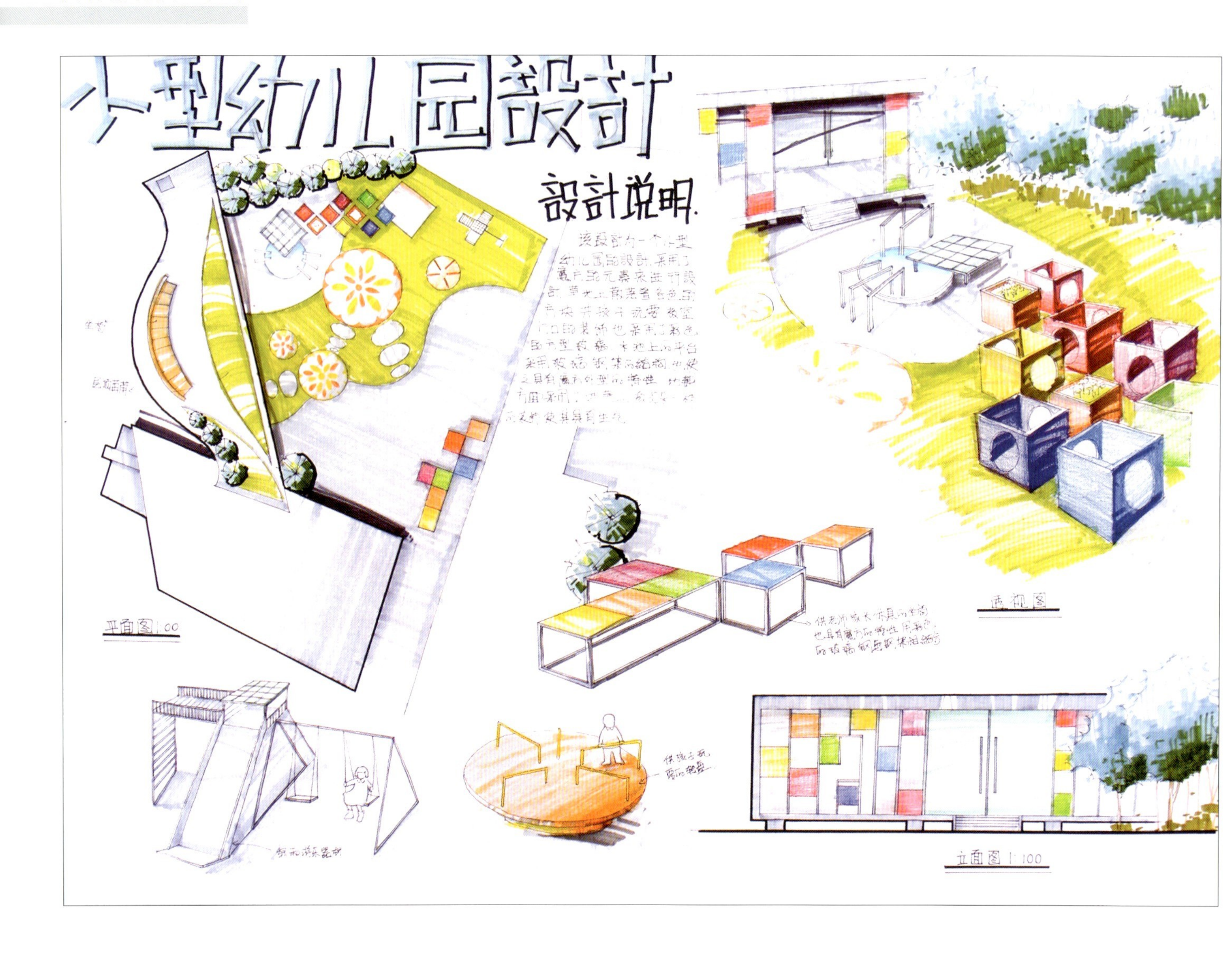

图 4-11-1　幼儿园场地设计
（边静　环境艺术设计研究生 08 级）

4.12　公园一角设计

设计要求：该题目主要是考察作者对场地功能性质的把握能力。要求在公园的一角内进行设计，内容自定。

作业点评：该设计较好地体现出作者对场地功能的认识，能将地形、构筑物、绿化、水体及实用功能融为一体。体现了作者思考问题的全面周到。表现上主次有别，并且有较强的深入刻画能力（图 4-12-1）。

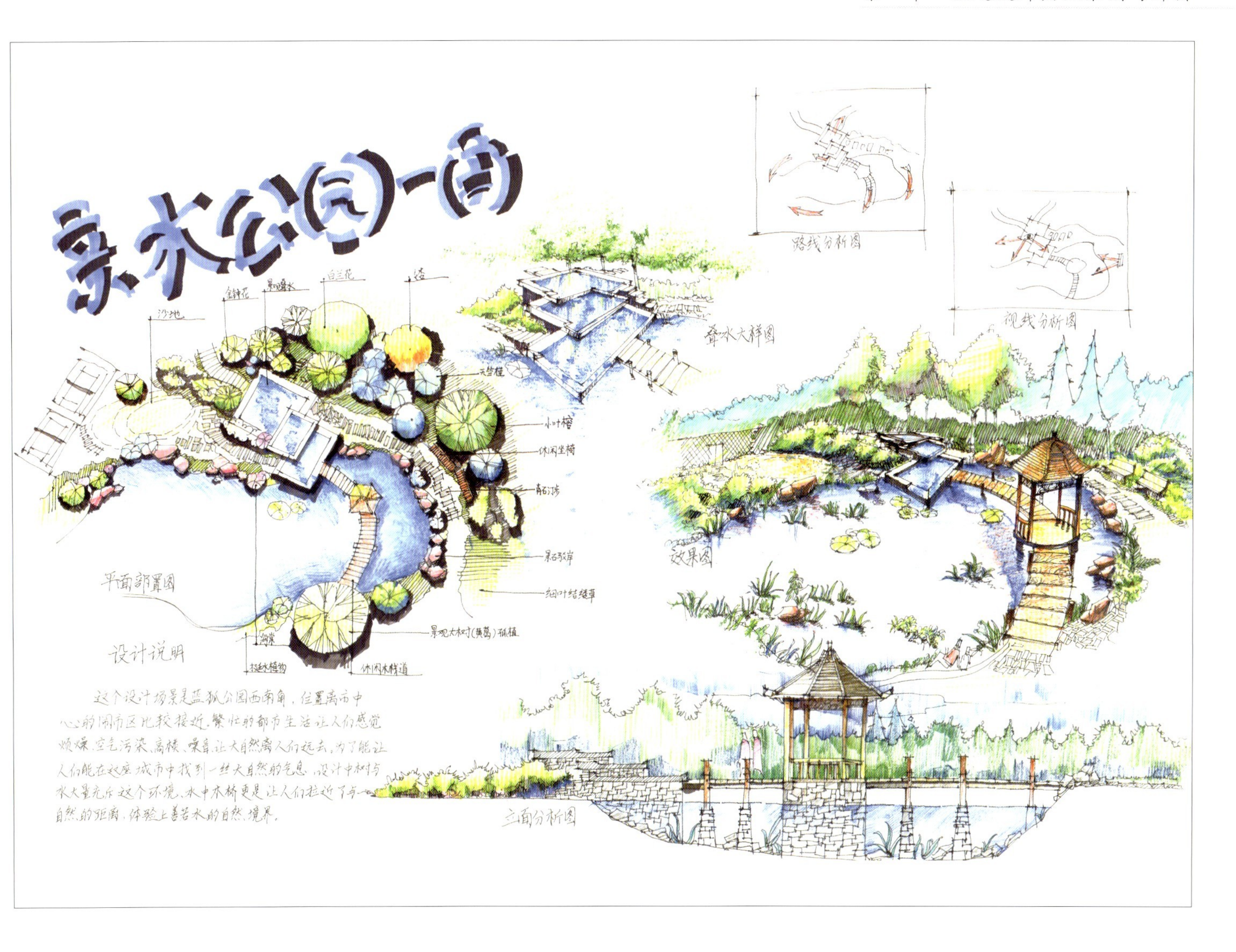

图 4-12-1　公园一角设计
（刘洋　环境艺术设计研究生 08 级）

参考文献

[1] [美]HENRY C·PITZ. 钢笔·墨水画技法 . 陈峥，陈聿强译 . 杭州：浙江人民美术出版社，1993.

[2] 尚金凯，张大为，李捷 . 景观环境设计 . 北京：化学工业出版社，2007.

[3] 赵航 . 景观 · 建筑手绘效果图表现技法 . 北京：中国青年出版社，2006.

[4] 谭晖 . 透视原理及空间描绘 . 重庆：西南师范大学出版社，2008.

[5] 香港科讯国际出版有限公司 . 手绘效果表现 . 广州：广东经济出版社，2003.

[6] [美] 迈克 · 林 . 建筑表现技法 . 北京：机械工业出版社，2004.

[7] 梁锐，张群 . 快速建筑设计与表现 . 北京：中国建材工业出版社，2006.

[8] 过伟敏，史明 . 快速环境艺术设计 60 例 . 江苏：江苏科学技术出版社，2007.

[9] 彭一刚 . 建筑空间组合论 . 第二版 . 北京：中国建筑工业出版社，1998.

[10] 程大锦 . 建筑：形式、空间和秩序 . 第二版 . 刘丛红译 . 天津：天津大学出版社，2005.

[11] [美] 保罗 · 拉索 . 图解思考建筑表现技法 . 第三版 . 邱贤丰，刘宇光，郭建青译 . 北京：中国建筑工业出版社，2002.

[12] 张绮曼，郑曙旸 . 室内设计资料集 . 北京：中国建筑工业出版社，1991.

[13] 龙成 . 世界名家建筑画表现技法 300 例 . 哈尔滨：哈尔滨出版社，1992.

[14] [美] 托马斯 · C · 王 . 建筑平面及剖面表现方法 . 何华译 . 北京：中国水利水电出版社，2005.

[15] 王晓俊 . 风景园林设计 . 南京：江苏科学技术出版社，2000.

[16] 夏克梁 . 建筑画—麦克笔表现 . 南京：东南大学出版社，2004.

[17] 钟训正 . 建筑画环境表现与技法 . 北京：中国建筑工业出版社，1985.

[18] 黎志涛，权亚玲 . 快速建筑设计 100 例 . 第二版 . 南京：江苏科学技术出版社，2005.